エコロジー社会主義

気候破局へのラディカルな挑戦

ECOSOCIALISM:
A RADICAL ALTERNATIVE TO
CAPITALIST CATASTROPHE

[著] ミシェル・レヴィー MICHAEL LOEWY
[訳] 寺本 勉

柘植書房新社

『エコロジー社会主義　気候破局へのラディカルな挑戦』　もくじ

原注は（原注　）、訳注は〈　〉で表記しています。本文中の〔　〕内は訳者による補足。

Michael Lowy

序章　二一世紀の大洪水

アメリカ航空宇宙局（ＮＡＳＡ）ゴダード宇宙研究所前所長のジェイムズ・ハンセン〈1〉は、世界でもっともすぐれた気候変動の専門家の一人である。ジョージ・Ｗ・ブッシュ政権は、彼の調査報告出版をやめさせようとしたが、徒労に終わった。ハンセンは、二〇〇九年に出版された彼の著書『わが孫たちの嵐　来るべき気候破局の真実と人類を救う最後のチャンス』（原題）の最初の段落で、次のように書いた。

地球、全世界、文明の発達した世界、われわれが知っているような平均的気候と変わることのない海岸線をもつ世界、それがいま差し迫った危機にある。この状況の緊急性が具体的な姿を現してきたのは、ここ数年のことにすぎない。・・・その驚くべき結論は、地球上のあらゆる化石燃料を採掘し続けていることが、地球上の何百万種もの生物だけでなく、人間の生き残りそのものも脅かしており、そして、残された時間はわれわれが考えていたよりも短いというものである。（原注一）

本書のフランス語版初版が刊行（二〇一一年）されて以降、エコロジー危機は著しく悪化してきた。最新のＩＰＣＣ（国連気候変動に関する政府間パネル）報告の中で、世界中の科学者が以下のような警鐘を鳴らしている。二酸化炭素は確実に大気中に蓄積され、極地氷床の崩壊や海面の上昇が続いている。火事や台風の数は大幅に増えている。今後十年間に根本的な方向転換を起こせないなら、(産業革命以前と比べて)一・五℃を超える気温上昇を阻止することは難しくなるだろう。それに、いったんこの限度が突破されたら、二℃、三℃、さらにそれ以上の気温上昇に向かう破局的スパイラルに至る連鎖的な反応プロセスの引き金が引かれるだろう。

「崩壊学論者〈2〉」は、あきらめをにじませた運命論によって、勝負はもうついていて災厄は避けられないのだから、それに「適応する」しかないと主張する。しかし、われわれは彼らとは違って、「崩壊」を回避するために闘わなければならないと信じている。ベルトルト・ブレヒト〈3〉が言ったように、「闘う者は負けるかもしれないが、闘わぬ者はすでに負けている」のだ。

この闘いには明確な敵が存在する。それはエコロジー危機に責任がある資本主義システムである。この知見は広く共有されている。エルヴェ・ケンプ〈4〉は、先鋭で詳細な著書『金持ちが地球を破壊する』(二〇〇七年)の中で、準備されている大惨事の真実の姿を婉曲やごまかしなしに描き出している。つまり、ある限界点を超えると、気候システムは不可逆的に暴走する。しかも、その限界点には予想されていたよりも相当早く達するかもしれないのだ。われわれは、気温が数度上昇して、耐えがたいレベルにまで達するという突然の恐るべき変化が起きる可能性を排除できない。こうした認識は、科学者によって確認され、この惨事に気づいている世界中の何百万人もの市民によって共有されている。では、権力者たち、すなわち世界経済を支配する億万長者たちによる寡頭支配体制（オリガルキー）は何をしているのだろうか？　人間社会を現に支配している社会システムである資本主義は、われわれが人間という存在の尊厳と望みを守ろうとするならば絶対に必要となる変化に対して、それをかえりみることなく、ひたすら頑強に抵抗する。略奪的で貪欲な支配階級は、有効な転換に向けたいかなる試みをも妨害する。権力と影響力を持つほとんどすべての階層は、いかなるオルタナティブも不可能であり、唯一の進む道は「成長」であると見せかける擬似現実主義につき従っている。この「誇示的消費」に取りつかれている（とソースティン・ヴェブレン〈5〉がだいぶ前に述べた）寡頭支配体制は、圧倒的多数の人々の生活条件低下には無関心であり、生物圏の有毒化の深刻さにはまったく気づいていない（原注二）。

マルクスが『ドイツイデオロギー』において予言したように、資本主義の生産力は、何千万もの人々の物理的絶滅というリスクを生みだす破壊力となりつつある。これは、マイク・デイヴィスが研究した一九世紀の「熱帯の大虐殺〈6〉」よりもさらに悲惨なシナリオである。

世界の「意思決定者」――億万長者、経営者、銀行家、投資家、大臣、企業重役、「専門家」――は、システムの持つ近視眼的で狭量な合理性という動機につき動かされ、成長と拡大という至上命令や市場での地位、競争力、利益率のための闘いに取りつかれている。そして、彼らはフランス革命の数年前にルイ一五世が公言した格言＝「われ亡きあとに大洪水はきたれ！〈7〉」を信奉しているようだ。二一世紀の洪水は、聖書に出てくる大洪水と同じように、防ぐことのできない海水面の上昇という形をとり、人間文明の巨大都市—香港、上海、ロンドン、ベネチア、アムステルダム、ニューヨーク、リオデジャネイロなど—を波の下に沈めるだろう。

自然に対する資本の戦争の最前線に立っているのは「気候変動否定論者」であり、化石燃料（石油、石炭、シェールガス、タールサンドなど）独占体とアグリビジネスを直接に代表しているドナルド・トランプやジャイール・ボルソナロ［ブラジル大統領］のような連中である。ボルソナロは、権力の座につくとすぐにアマゾン熱帯雨林の破壊にゴーサインを出し、先住民コミュニティを「開発」の敵であると非難した。この新たな状況を祝って、アグリビジネス（畜産・大豆など）の経営者たちは「野焼き」を宣言し、その結果、過去数カ月にわたって地球上で最大の「カーボン・シンク（炭素吸収源）」を破壊し続けてきた人為的火災を引き起こした。マクロンとボルソナロの間では、ヨーロッパ諸国のアマゾンに対する「介入の権利」を防衛すべきなのか、それとも万難を排して熱帯雨林に対するブラジルの「主権」を宣言すべきなのかという間違った議論が展開された。ここで本当に問題となるのは、アマゾンを守るために闘っている人々、すなわち先住民族、土地なき農民、草の根のコミュニティ、エコロジストと各国人民との国際的連帯なのである。

国際会議のみじめな失敗は、地球温暖化を否定はしていない「分別のある諸国政府」の怠慢を示すものだ。もっとも「開明的な」資本主義諸国によってこれまでに採用されてきた諸方策—「京都議定書」、ヨーロッパ気候行動パッケージにおける「柔軟メカニズム」や排出権取引市場―は、ベルギーの環境保護活動家であるダニエル・タヌーロ[8]が「走り書きされた政策」と呼んだように、気候変動という困難に向き合うことができていない。もっと強い理由で、ヨーロッパ諸国政府によって取り上げられている「技術的」解決策、たとえば「電気自動車」、バイオ燃料、「クリーンな石炭」、そして（福島原発事故の以前の話だが）素晴らしくクリーンで安全なエネルギーである原子力発電についてもなおさら同じことが言える。

国際会議という領域でのもっとも大きな局面の進展は、二〇一五年にパリでおこなわれたCOP21だった。参加国の政府は、気温上昇が一・五℃を超えないようにする必要性を認めた。そして、各国政府は、達成を約束した排出削減量を公式に表明した。実にすばらしい快挙ではあるが、残念なことに次の二つの「細部」によって損なわれてもいる。つまり、第一に、コントロールや制裁が何も課せられていないので（一部のアフリカの小国を除いては）どの国も約束を守っていないこと、第二に、仮にすべての国が約束を守ったとしても、（IPCCによれば）気温上昇は三・三℃になるだろうということだ。

二〇一九年にニューヨークで開かれた国連気候行動サミットは、さらにこっけいな形で資本主義システムの恐るべき怠慢を示すことになった。いつものように、何の前進もなく、空虚な美辞麗句が飛び交い、ビジネスにしか関心が示されなかった。

この会合で、スウェーデンの若い反逆者であるグレタ・トゥーンベリが、戦闘的エコロジーの記録に残る歴史的な演説をおこなった。居並ぶ政府代表の前で、彼女は「『よく、そんなことが言えますね』。あなた方は、その空虚なことばで私の夢と子ども時代を奪いました。それでも、私はとても幸運な一人です。人々は苦しんでいます。人々は死んでいます。生態系は崩壊しつつあります。私たちは、大量絶滅の始まりにいるのです。なのに、あなた方が話すことは、お金のことや、永遠に続く経済成長というおとぎ話ばかり。『よく、そんなことが言えますね』」と主張したのである。〈9〉

福島原発事故についても話さなければならない。日本国民は、恐るべき原子力の歴史で二度にわたって犠牲者となった。われわれにはその惨事の大きさの全容は把握できないが、はっきりしていることはこれがターニングポイントであるということだ。原子力エネルギーの歴史において、フクシマ以前とフクシマ以後は区分されることになるだろう。

一九八六年の恐るべきチェルノブイリ原発事故のあと、西側の原子力ロビーはこれを説明する答えを見つけた。つまり、これはソビエト連邦における官僚的で無能な、効率の悪い原子力発電所運営の結果だったのであり、「そんなことはわれわれの間では起こりえない」というわけだ。二〇一一年福島原発事故のあとでは、日本最大の民間企業が事故にかかわっている以上、この種の論議はまったく通用しなくなっている。

メディアは、安全よりも利益を優先した東京電力の無責任さ、準備の欠如、嘘を暴露した。それに加えて、積極的な共犯者として原子力規制機関や国・地方自治体を指摘した。これらが事実であることに議論の余地はない。しかし、この観点を強調しすぎるならば、危険性が核エネルギー固有のものであるという本質的な視点を見失う危険を冒すことになる。核システムは根本的に支持できないものである。原発事故は統計的に不可避である。遅かれ早かれ、人為的ミス、内部の機能異常、地震、津波、攻撃、飛行機事故、その他の予期できない出来事を原因として、新たなチェルノブイリ、新たなフクシマが起こるだろう。ジャン・ジョーレス〈10〉の言葉を借りて言い換えるとすれば、雲が嵐を内包するように原子力は災厄そのものなのだ。

したがって、大規模な反核運動が再び大きく高揚し、ドイツに見られるようにいくつかの肯定的な成果を生み出しているのは驚くべきことではない。「ただちに脱原発を」というスローガンは野火のように急速に広まっている。しかしながら、多くの政府の反応は、とりわけヨーロッパ各国政府やアメリカ政府の対応は、原子力の罠から抜け出すのを拒否するというものである。「発電所の安全について真剣に見直す」と約束することで、人々の意見を沈静化させようとしている。原発に対する無理解という点で金メダルに値するのは、フランス・サルコジ政権のスポークスパーソンだったアンリ・ゲノだろう。彼は「日本での原発事故は、安全性を売り物にしているフランスの（原子力）産業にとって好都合かもしれない」と述べたのだった。あいた口が塞がらない。

原子力信奉者、とりわけ無知で鈍感な一握りの権力者は、原子力発電に終止符を打てば、ろうそくや石油ランプに逆戻りするだろうと主張する。しかし、単純な事実を言えば、原子力発電所で作られる電気は全世界の発電量のわずか一三・四％に過ぎないのである。われわれは、原発がなくてもやっていけるのだ。多くの国々において、世論の圧力のもとで、原子力産業と原発建設の限りない拡大という間違った計画を相当程度まで縮小させることは可能だし、十分に起こりそうなことである。しかし、このことが（ドイツの場合のように）「もっとも汚い」化石燃料（石炭、海底石油、タールサンド、シェールガス）への移行によって達成され、新たな温室効果ガス排出が急激に増加する結果に終わるという恐れはある。エネルギー移行の最初の一歩は、こうした誤ったジレンマ、つまり放射能による美しい死か、それとも地球温暖化によるゆるやかな窒息死か、という不可能な選択を拒否することである。もう一つの世界は可能なのだ！

エコ社会主義、赤と緑

それではオルタナティブな解決策とは何だろうか？　多くのエコロジストが提案しているように、個人的な禁欲主義や懺悔なのか？　消費の抜本的な削減なのか？　ダニエル・タヌーロが明確に述べているように、脱成長論者が提起している消費至上主義に対する文化的批判は必要ではあるが、それだけでは不十分である。生産様式それ自身を問題にしなければならない。同時に、生産システムの集団的・民主的再組織化だけが、真に社会的な欲求を充足し、労働時間を短縮し、不要で危険な生産を規制し、化石燃料を太陽エネルギーで置き換えることができる。こうしたことすべては、資本主義的所有の根底に手をつけること、無料のサービスと公共部門を根本的に拡大することを意味する。つまり一言で言えば、民主的でエコ社会主義的な計画を意味するのである。(原注三)

エコ社会主義とは、以下のような本質的な洞察にもとづく政治潮流である。つまり、われわれを含む生物種に適した地球生態系の均衡を保護すること、環境を保護することが資本主義システムの拡張論理や破壊的論理とは相容れないということである。資本の保護のもとで「成長」を追求することは、短期間のうちに(今後数十年間で)、人類の歴史上かつてなかった破局、すなわち地球温暖化による破局を引き起こすだろう。

エコ社会主義の中心的前提は、「エコ社会主義」ということばを用いていることがすでに示しているように、エコロジー的でない社会主義は袋小路に陥っているし、社会主義的ではないエコロジーでは現在のエコロジー危機に立ち向かうことはできないということだ。エコ社会主義の主張は、「赤」(マルクス主義による資本批判とオルタナティブな社会に向けたプロジェクト)と「緑」(生産力主義に対するエコロジー的批判)を結びつけたものだが、社会民主主義者と一部の緑の党との間のいわゆる「赤・緑」政権連合とは何の関係もない。そうした政権連合は、資本主義を社会自由主義的に運営するというプログラムにもとづいたものだからである。

エコ社会主義は、エコロジー危機の根源に手をつける根底的な変革の提案であり、資本主義システムにあれやこれやの方法で順応しているエコロジー潮流だけでなく、二〇世紀におけるさまざまな社会主義（社会民主主義であれ、スターリニスト・タイプの「共産主義」であれ）とも明確に区別されるものである。エコ社会主義は、生産関係、生産組織、支配的な消費パターンを転換させるとともに、西側の現代資本主義文明・工業文明の基盤と決別して、新たな文明のパラダイムを作り出すことを目標としている。

エコ社会主義についての主な反対理由の一つは、緊急性である。われわれにはエコ社会主義が実現するのを待つ時間がないのだから、資本主義の枠組みの中での方策が動員されなければならないというのだ。しかし、エコ社会主義者は、「待たなければ」ならないという提案はしていない。エコ社会主義者は、システムの破壊的力学―ナオミ・クライン[11]が「ブロッカディア」と呼ぶもの―を阻む方策であれば、今この場において何でも動員する。そして、（フランスの）ノートルダム・デ・ランド空港建設計画の撤回[12]やアメリカでのキーストーンXLパイプライン建設の阻止[13]といった部分的な勝利はすべて、非常に積極的な意味を持つ。なぜなら、それは奈落への突進を遅らせ、共同行動に対する信頼を高めるからである。

エコ社会主義者は、「持続可能な資本主義」という幻想を拒否する。グリーン・ニューディール[14]のようなプログラムは、新自由主義政策と決別し、化石燃料独占体による独裁を壊そうとしている限りにおいては、積極的な役割を果たすことができる。しかし、われわれはそれを究極的な目標とは考えない。それは次第に急進的になっていく反システムの抵抗プロセスの中では、一瞬の局面に過ぎないのである。

エコ社会主義の起源

ここでエコ社会主義の歴史について詳しく述べることはできないが、その節目となったことをいくつか想起してみよう。ここでは主にエコ・マルクス主義の流れについて述べるが、たとえば、マレイ・ブクチン[15]のアナーキズム的なソーシャル・エコロジー、アルネ・ネス[16]によるディープ・エコロジーの左派、ポール・アリエス[17]のような脱成長論者の中には、急進的な反資本主義の分析やオルタナティブな解決策を見いだすことができる。それらはエコ社会主義とそれほど距離のないものである。

エコロジー社会主義（エコ社会主義）という考えが実際に発展し始めたのは、一九七〇年代になってからである。そのとき、それはさまざまな形態をとって、「赤・緑」的な考え方をもつ先駆者たちの著作に現れた。スペインのマニュエル・サクリスタン、イギリスのレイモンド・ウィリアムズ[18]、フランスのアンドレ・ゴルツ[19]やジャン・ポール・デリージェ、アメリカ合衆国のバリー・コモナー[20]などである。エコ社会主義ということばが使われるようになったのは、ドイツ緑の党においてエコ社会主義者と呼ばれる左派潮流がうまれた一九八〇年代以降のことだった。この潮流の主なスポークスパーソンは、ライナー・トランペルトとトーマス・エバーマンだった。[21] 同じ頃に、東ドイツの反体制活動家ルドルフ・バーロの著書『社会主義の新たな展望』[22] が出版された。この中で、彼はエコロジー社会主義の名において、ソビエト連邦と東ドイツのモデルを厳しく批判した。一九八〇年代に、アメリカの経済学者ジェイムズ・オコンナー[23] が、自らの著作の中で新たなマルクス主義エコロジーへのアプローチを展開し、雑誌『キャピタリズム・ネイチャー・ソーシャリズム（*Capitalism, Nature, Socialism*）』を創刊した。同じ時期には、ドイツ緑の党左派の中心的指導者で、ヨーロッパ議会の議員でもあったフリーダー・オットー・ヴォルフ[24] が、フランス共産党のかつての指導者で「赤・緑」という視点に転換したピエール・ジュカンとともに、最初のエコ社会主義ヨーロッパ綱領である『ヨーロッパの緑のオルタナティブ』（一九九二年）を執筆した。

その一方で、スペインでは、マヌエル・サクリスタンの信奉者であるフランシスコ・フェルナンデス・ブエイらがバルセロナで発行されていた雑誌『*Mientras Tanto*（「とりあえず」という意味）』において、社会主義的なエコロジー論議を展開していた。二〇〇一年には、一九三八年にトロツキーによって創設されたマルクス主義者の革命的潮流で、多くの国に支部を持つ第四インターナショナルが、世界大会においてエコ社会主義についての決議『エコロジーと社会主義』を採択した。[25] 同じ年、ジョエル・コヴェル[26] と私が、『国際エコ社会主義者宣言』〔本書に収録〕を公表した。この宣言は広範な議論の対象となり、二〇〇七年にはパリでの国際エコ社会主義者ネットワーク（ＩＥＡ）の結成へと結実した。地球温暖化についての新たなエコ社会主義者宣言である『ベレン宣言』〔本書に収録〕は、数十カ国の数百名の人々によって署名され、二〇〇九年にブラジルのパラ州ベレンで開かれた世界社会フォーラムで配布された。

これにさらに以下のようなとりくみを付け加えなければならない。有名な北米の左翼雑誌『マンスリー・レビュー（*Monthly Review*）』におけるジョン・ベラミー・フォスター[27]と彼の友人たちの業績（彼らは、社会主義綱領をもつエコロジー革命を主張している）、アリエル・サレー[28]とテレサ・ターナーによるエコ社会主義・エコフェミニズム[29]に関する諸著作、エコ社会主義者であるイアン・アンガスとサイ・ゴニックが編集した雑誌『カナディアン・ディメンション（*Canadian Dimension*）』、ペルーの革命家ウーゴ・ブランコ[30]による先住民運動とエコ社会主義の関係に関する考察、ベルギーのエコ社会主義者であるダニエル・タヌーロによる気候変動や「グリーン資本主義」の終焉に関する諸著作、ジャン・マリ・アリベイのようなグローバル・ジャスティス運動と結びついた著作家による研究、エルンスト・ブロッホ[31]やアンドレ・ゴルツの信奉者でエコ社会主義者のアルノ・ミュンスターの哲学的諸著作、ブラジルやトルコにおけるエコ社会主義者ネットワーク、中国で組織され始めているエコ社会主義学会などなど。

エコ社会主義と脱成長論（フランスでは無視できない影響力を持つ）との間にある一致点と相違点とは何だろうか？　脱成長論は、アンリ・ルフェーヴル[32]、ギー・ドゥボール[33]、ジャン・ボードリヤール[34]らの消費社会批判やジャック・エリュール[35]の「技術社会」論から大きな影響を受けているが、この潮流は均質なものでないことをまず思いおこそう。それは多岐にわたる考え方からなる勢力圏であり、この勢力圏は、かなり大きくかけ離れた二つの極が引きあっている。その一方の極には、文化相対主義（セルジュ・ラトゥーシュ[36]）にひきつけられた反西洋主義があり、もう一方の極には共和主義的／普遍主義的エコロジスト（ヴァンサン・シェイネ[37]、ポール・アリエス）がいる。

セルジュ・ラトゥーシュは、疑いもなく「脱成長論」の最大の論客である。確かに、こうした議論は「持続的成長」の神話を打ち砕き、成長や進歩という信仰を批判し、文化的転換を呼びかけるという点において、部分的には正しい。しかし、「脱成長論」の西洋人間主義・啓蒙思想や代表民主制の総体に対する全面的な拒否、彼の文化相対主義や石器時代への極端なまでの礼賛については、大いに議論の余地がある。新自由主義に反対する運動であるATTAC[38]のジャン・マリ・アリベイ[39]が、南の貧しい諸国は水道ネットワークや学校・病院を充実させる必要があると論じたとき、ラトゥーシュはこの提案が「自民族中心主義」「ヨーロッパ至上主義」「地域的な生活スタイルの破壊」であると非難したが、この批判は支持しがたいものだ。最後に、資本主義批判はマルクスによってすでにおこなわれていて、それで十分なので、いまさら無駄骨を折って資本主義について語る必要はないという彼の議論はまじめなものではない。それはまるで、ゴルツがすでに生産力主義批判をおこなっていた、それも「十分にやっていた」ので、地球を破壊する生産力主義を非難する必要はないと言っているようなものである。しかしながら、われわれは、ラトゥーシュが、二〇一一年に書いた〝*Vers une société d'abondance frugale*〟(『質素な豊かさを持つ社会に向かって』、日本語訳未刊行)において、脱成長とは資本主義と対立するものであり、ある種の「エコ社会主義」だと考えることができると述べたことも認めなければならない。

脱成長を掲げる左翼を代表しているのは、雑誌『脱成長(*La Décroissance*)』である。われわれはシェイネやアリエスの「共和主義的」幻想を批判することはできる。しかし、論争相手ではあるにもかかわらず、この二番目の極には、ATTACなどのオルタ・グローバル主義者、エコ社会主義者、左翼の中の左翼(左翼党や反資本主義新党[40])との一致点が多くある。その一致点とは、無料のサービスの拡大、交換価値よりも使用価値を優先させること、労働時間短縮、社会的不平等の縮小、「非商品」の拡大、社会的ニーズと環境保護にもとづく生産の再組織化などである。

最近の著作で、ステファン・ラヴィニョット[41]は、「成長反対論者」とエコ社会主義者との間の論争について、次のように述べている。社会的階級関係への批判や不平等に対する闘いを優先すべきか、それとも生産力の際限ない成長への非難を優先すべきか? その努力は、個々人のイニシアチブや地域的実験、自発的な倹約に向けられるべきか、それとも生産機構や資本主義という「巨大マシーン」を変革することに向けられるべきか？　ラヴィグネットはどちらかを選ぶことを拒否し、これら二つの補完しあうアプローチを結びつけることを提案する。彼の見解によれば、困難点は、多数派（すなわち資本非所有者）のエコロジー的階級利害のための闘いと根本的な文化的変化をめざす行動的少数派の政策を結合させるところにある。言い換えると、避けられない相違点や不一致点を隠すことなしに、人間の居住に適した地球が資本主義・生産力主義と相容れないことを理解する人々とも、そしてまた非人間的システムから抜け出す道を模索する人々とも、すべての人民の「政治的結合」を実現することである。（原注四）

この短い序文の結論を述べるにあたって、エコ社会主義が未来のためのプロジェクトであり、根源的なユートピアであり、可能な将来であることを想起しよう。しかし同時にまた、それと切り離すことができないのだが、エコ社会主義は、具体的かつ緊急の目的と提案にかかわる行動でもある。

唯一の希望は、一九九九年のシアトル、二〇〇九年のコペンハーゲン、二〇一〇年のボリビア・コチャバンバ、そして特に二〇一九年九月の気候変動に反対する巨大な若者の運動のような、下からの動員の中にあるのだ。一九九九年のシアトルでは、エコロジストと労働組合運動がともに結集し、グローバル・ジャスティス運動が誕生した。二〇〇九年のコペンハーゲンでは、「気候を変えるのではなく、システムを変えよう」というスローガンのもとで一〇万人が抗議行動に結集した。二〇一〇年四月のコチャバンバでは、全世界から先住民運動、農民運動、労働運動、エコロジー運動の代表三万人が「気候変動とマザーアースの権利に関する世界民衆会議」に参加した。そして、二〇一九年九月には、貨幣と「成長」神話に目がくらんだ「政策決定者」に対するグレタ・トゥーンベリの鋭い批判に触発されて、二〇〇カ国以上において四〇〇万人の若者と大人が街頭に登場した。

生態系を破壊する資本によるプロジェクトに対する抵抗運動の中では、多くの国々（とりわけ南北アメリカ諸国）で、先住民コミュニティが決定的な役割を果たしている。先住民の中では、水質汚染と森林破壊の最初の犠牲者である女性がしばしばこの闘いの最前線に立っている。

ベルタ・カセレス[42]の例を思い出して欲しい。彼女は、一九九三年（当時二〇歳だった）、ホンジュラス民衆と先住民の国民協議会（ＣＯＰＩＮＨ）を創立し、先住民の水資源を強奪する多国籍企業の巨大プロジェクトに反対する抵抗運動を主導していた。ゴールドマン環境賞を受賞したあと、彼女は二〇一六年三月に利権屋に雇われた暗殺者によって殺害された。暗殺指令を出した連中の不安は一掃された。今日、ベルタ・カセレスは、若い世代の戦闘的な女性にとって、よるべき模範であり、大きな影響を与える人物となっている。

この本はいくつかの論文を集めたものであり、エコ社会主義という考えや実践を体系的にまとめたものではなく、一定の視点・状況・経験を検討しようとする控えめな試みである。もちろん、この本は著者の意見を表現したものであり、他のエコ社会主義の思想家やネットワークの意見と必ずしも一致しているわけではない。ここでは、新たな教義を成文化したり、何らかの正統性をも主張したりする意図はまったくない。エコ社会主義の美徳の一つは、何よりもその多様性と複数性、つまり視点とアプローチの多様性にある。それらは、資料として掲載された諸文書でもわかるように、しばしば一点に集中したり、お互いに補完しあったりするのだが、同時にときには相違し対立しさえするのである。

（原注一）　James Hansen, *Storms of my Children, The Truth about the Coming Climate Catastrophe and Our Last Chance to Save Humanity*, New York, Bloomsbury, 2009, p. IX.
『地球温暖化と闘う　すべては未来の子どもたちのために』二〇一二年、日経ＢＰ、枝廣淳子監訳・中小路佳代子訳、一ページ

（原注二）Hervé Kempf, *Comment les riches détruisent la planète*, Paris, Le Seuil, 2007.
『金持ちが地球を破壊する』二〇一〇年、緑風出版、北牧秀樹・神尾賢二訳。あわせて、彼の他

の著作も参照すること。*Pour sauver la planète, sortez du capitalisme*, Paris, Le Seuil, 2009.

（原注三） Daniel Tanuro, *L'impossible capitalisme vert*, Paris, La Découverte, 《Les empêcheurs de penser en rond》, 2010.

以下も参照のこと。le recueil collectif, organisé par Vincent Gay, *Pistes pour un anticapitalisme vert*, Paris, Syllepse, 2010, avec des collaborations de D.Tanuro, François Chesnais, Laurent Garrouste, et autres. 北アメリカのエコ・マルクス主義者の著作の中にも、よく議論された的確な批判が見られる。 Richard Smith, 《Green capitalism: the god that failed》, *Real-world economic review*, n°56, 2011 et John Bellamy Foster, Brett Clark and Richard York, *The Ecological Rift*, New York, Monthly Review Press, 2010.

（原注四） Stéphane Lavignotte, *La décroissance est-elle souhaitable?*, Paris, Textuel, 2010.

訳注

〈1〉ジェイムズ・ハンセン（一九四一～）は、アメリカの宇宙科学者・環境科学者。一九八一年から、アメリカ航空宇宙局（NASA）ゴダード宇宙研究所所長を務め、気候温暖化予測研究チームを率いて研究をすすめ、連邦議会でも気候変動についてしばしば証言をおこなった。

〈2〉「崩壊学」（コラプソロジー）とは、「産業文明の崩壊とその後についての研究」のこと。化石燃料の枯渇、気候変動による異常な気象の頻発、アンバランスな人口増加と減少などにより、エネルギーや水、食糧などの供給が難しくなり、経済や金融システム、政治体制が崩壊するという崩壊の連鎖が始まって、現在の文明は二〇三〇年代には消滅してしまうだろうと主張する。パブロ・セルヴィーニュ、ラファエル・スティーヴンス共著『崩壊学　人類が直面している驚異の実態』（二〇一九年、草思社、鳥取絹子訳）がそうした考え方を代表する著作の一つである。

〈3〉ベルトルト・ブレヒト（一八九八〜一九五六）は、ドイツの劇作家・詩人。「叙事的演劇」を提唱した。彼の作品は、ナチス政権によって焚書の対象とされ、ドイツ国外での亡命生活を余儀なくされた。

〈4〉エルヴェ・ケンプ（一九五七〜）は、フランスのジャーナリスト、作家、環境問題評論家。『金持ちが地球を破壊する』の他には『資本主義からの脱却』（二〇一一年、緑風出版、神尾賢二訳）が日本語訳されている。

〈5〉ソースティン・ヴェブレン（一八五七〜一九二九）はアメリカの経済学者。主著は『有閑階級の理論　制度の進化に関する経済学的研究』（一九九八年、ちくま学芸文庫、高哲男訳）。この中で、ヴェブレンは、人々を生産階級と非生産的職業に就く有閑階級に大別し、後者の行動原理を「誇示的閑暇」「誇示的消費」といった言葉を用いて批判している。「誇示的消費」は、必要性や実用的な価値だけでなく、それによって得られる周囲からの羨望（せんぼう）のまなざしを意識して行う消費行動のこと。

〈6〉マイク・デイヴィス（一九四六〜）はアメリカの都市論研究者・社会主義者。彼の著書『*Late Victorian Holocausts: El Niño Famines and the Making of the Third World*（後期ヴィクトリ

ア時代のホロコースト)』(二〇〇一年)によれば、大英帝国が一八七〇年代後半に、飢餓状態にあるインドからの食料輸出を強行した結果、インドでは一二〇〇万人から二九〇〇万人が餓死させられた。この大英帝国の飢餓政策は、社会の下層階級を絶滅させるという社会ダーウィニズムにもとづいておこなわれたとされる。彼の著作の日本語訳としては、『スラムの惑星　都市貧困のグローバル化』(二〇一〇年、明石書店、酒井隆史監修・篠原雅武・丸山里美訳)がある。

https://en.wikipedia.org/wiki/Late_Victorian_Holocausts

〈7〉マルクスは『資本論』第一部第八章「労働日」において、「『われ亡きあとに洪水はきたれ!』これが、すべての資本家、すべての資本家国の標語なのである。だから、資本は、労働者の健康と寿命には、社会によって顧慮を強制されないかぎり、顧慮を払わないのである」と述べている。(『資本論』第1巻1、一九六八年、大月書店、大内兵衛・細川嘉六監訳、三五三ページ)

〈8〉ダニエル・タヌーロは、ベルギーの農学者で、エコロジー社会主義についての発言・著述で知られる。

〈9〉グレタの演説(二〇一九年九月二三日)全文は以下のとおり。

私が伝えたいことは、私たちはあなた方を見ているということです。そもそも、すべてが間違っているのです。私はここにいるべきではありません。私は海の反対側で、学校に通っているべきなのです。

あなた方は、私たち若者に希望を見いだそうと集まっています。よく、そんなことが言えますね。

あなた方は、その空虚なことばで私の夢と子ども時代を奪いました。それでも、私は、とても幸運な一人です。人々は苦しんでいます。人々は死んでいます。生態系は崩壊しつつあります。私たちは、大量絶滅の始まりにいるのです。なのに、あなた方が話すことは、お金のことや、永遠に続く経済成長というおとぎ話ばかり。よく、そんなことが言えますね。

三〇年以上にわたり、科学が示す事実は極めて明確でした。なのに、あなた方は、事実から目を背け続け、必要な政策や解決策が見えてすらいないのに、この場所に来て「十分にやってきた」と言えるのでしょうか。

あなた方は、私たちの声を聞いている、緊急性は理解していると言います。しかし、どんなに悲しく、怒りを感じるとしても、私はそれを信じたくありません。もし、この状況を本当に理解しているのに、行動を起こしていないのならば、あなた方は邪悪そのものです。だから私は、信じることを拒むのです。今後十年間で（温室効果ガスの）排出量を半分にしようという、一般的な考え方があります。しかし、それによって世界の気温上昇を一・五℃以内に抑えられる可能性は五〇％しかありません。

人間のコントロールを超えた、決して後戻りのできない連鎖反応が始まるリスクがあります。五〇％という数字は、あなた方にとっては受け入れられるものなのかもしれません。

しかし、この数字は、（気候変動が急激に進む転換点を意味する）「ティッピング・ポイント」

や、変化が変化を呼ぶ相乗効果、有毒な大気汚染に隠されたさらなる温暖化、そして公平性や「気候正義」という側面が含まれていません。この数字は、私たちの世代が、何千億トンもの二酸化炭素を今は存在すらしない技術で吸収することをあてにしているのです。

私たちにとって、五〇％のリスクというのは決して受け入れられません。その結果と生きていかなくてはいけないのは私たちなのです。

ＩＰＣＣが出した最もよい試算では、気温の上昇を一・五℃以内に抑えられる可能性は六七％とされています。

しかし、それを実現しようとした場合、二〇一八年の一月一日にさかのぼって数えて、あと四二〇ギガトンの二酸化炭素しか放出できないという計算になります。

今日、この数字は、すでにあと三五〇ギガトン未満となっています。これまでと同じように取り組んでいれば問題は解決できるとか、何らかの技術が解決してくれるとか、よくそんなふりをすることができますね。今の放出のレベルのままでは、あと八年半たたないうちに許容できる二酸化炭素の放出量を超えてしまいます。

今日、これらの数値に沿った解決策や計画はまったくありません。なぜなら、これらの数値はあなたたちにとってあまりにも受け入れがたく、そのことをありのままに伝えられるほど大人になっていないのです。

あなた方は私たちを裏切っています。しかし、若者たちはあなた方の裏切りに気付き始めています。未来の世代の目は、あなた方に向けられています。もしあなた方が私たちを裏切ることを選ぶなら、私は言います。「あなたたちを絶対に許さない」と。

私たちは、この場で、この瞬間から、線を引きます。ここから逃れることは許しません。世界は目を覚ましており、変化はやってきています。あなた方が好むと好まざるとにかかわらず。ありがとうございました。（NHKニュース・ウェブのサイトから引用）

〈10〉ジャン・ジョーレス（一八五九～一九一四）はフランス社会党の指導者。第一次世界大戦に反対の立場をとり、右翼の青年に暗殺された。著者がジョーレスから借りたと書いているのは、「雲が嵐を内包するように資本主義は戦争を内包している」ということばである。

〈11〉ナオミ・クライン（一九七〇～）は、カナダのジャーナリスト・社会運動活動家で、グローバル・ジャスティス運動を代表する活動家の一人。多くの著作が日本語に翻訳されている。その主なものには、『ショック・ドクトリン　惨事便乗型資本主義の正体を暴く』上下巻（二〇一一年、岩波書店、幾島幸子・村上由見子訳）、『これがすべてを変える　資本主義VS.気候変動』上下巻（二〇一七年、岩波書店、幾島幸子・荒井雅子訳）などがある。

〈12〉一九六五年、フランス西部ロワール・アトランティック県ナント郊外のノートルダム・デ・ランドに新空港の建設計画が持ち上がった。その後、地元農民や環境保護グループなどの反対運動が四〇年以上にわたって続き、二〇一八年一月になって、新空港建設は政府によって白紙撤回された。この地域はZAD（守るべき土地）と呼ばれ、空港建設に反対し、自然や農業を守ろうとした人々が実験的な共同体をつくってきたことで知られている。

〈13〉キーストーンXLパイプラインは、トランスカナダ社が建設を計画しているカナダ・アルバータ州と米国・ネブラスカ州を結ぶ原油輸送用のパイプライン。先住民コミュニティや地元農民、環境保護団体による反対運動の中、オバマ前大統領は、二〇一五年にこのプロジェクトへの連邦政府の承認を撤回したが、トランプ政権は発足直後に連邦政府による建設認可をトランスカナダ社に与えた。

〈14〉グリーン・ニュー・ディールとは、地球温暖化を防ぐ環境政策を強力に推し進めることで、新たな雇用を生み出し、経済格差の是正をも実現しようとする経済政策。最近では、アメリカ民主党のオカシオ・コルテス下院議員やマーキー上院議員らが提唱するグリーン・ニュー・ディール決議案が大きな注目を集めている。

〈15〉マレイ・ブクチン（一九二一～二〇〇六）は、ソーシャル・エコロジーの提唱者。ソーシャル・エコロジーは、環境問題は人間の自然に対する支配の結果であり、その本質を人間社会に存在する支配の関係に由来すると考える社会思想。ブクチンは「自然支配という概念は、人間による人間の支配、ありていにいえば、ある経済階級による他の経済階級の支配や、植民地権力による植民地住民の支配だけでなく、男性による女性の支配、年長者による若年者の支配、ある民族による他の民族集団の支配、国家による社会の支配、官僚制による個人の支配から生まれてきた」と述べている（「エコロジー運動への公開質問状」、A・ドブソン編著『原典で読み解く環境思想入門　グリーン・リーダー』一九九九年、ミネルヴァ書房、松尾眞など訳）。著作の日本語訳には、『エコロジーと社会』（一九九六年、白水社、藤堂麻理子・萩原なつ子・戸田清訳）、「ソーシャル・エコロジーとは何か」（戸田清訳：『環境思想の系譜2　環境思想と社会』一九九五年、東海大学出版会に収録）などがある。

〈16〉アルネ・ネス（一九一二〜二〇〇九）は、ノルウエーの哲学者で、ディープ・エコロジーの提唱者。日本語訳された著書には、『ディープ・エコロジーとは何か　エコロジー・共同体・ライフスタイル』（一九九七年、文化書房博文社、斎藤直輔・開龍美訳）がある。また、アルネ・ネスへのインタビュー「手段は質素に、目的は豊かに」（鈴木美幸訳）が、『環境思想の系譜3　環境思想の多様性』（一九九五年、東海大学出版会）に収録されている。ディープ・エコロジーについては、第一章の訳注〈4〉を参照。

〈17〉ポール・アリエス（一九五九〜）は、フランスの哲学者で、脱成長論を唱える。『ジョゼ・ボヴェあるフランス農民の反逆』（二〇〇二年、柘植書房新社、杉村昌昭訳）に、聞き手として登場する。

〈18〉レイモンド・ウィリアムズ（一九二一〜八八）は「カルチュラル・スタディーズ」の創始者の一人として知られ、「文化と社会」の関係について、さまざまな分野にわたって分析を加えた。『共通文化にむけて（文化研究）』（二〇一三年、みすず書房、川端康雄ほか訳）には「社会主義とエコロジー」が収録されている。この論文では、資本主義とも、現存する社会主義（執筆当時の一九八二年には、ソビエト連邦はまだ存続していた）とも異なる、エコロジーを自覚する社会主義の実践を呼びかけた。「ここでのウィリアムスの慧眼は、従来的なエコロジー論の弱点が『前産業革命期』の理想化や政治的実践の回避に存在することにあることを、エコロジーの思想を系譜学的に論じることで浮き彫りにしている点にある。」（上記邦訳書の「編者解題」より引用）

〈19〉アンドレ・ゴルツ（一九二三〜二〇〇七）は、オーストリア出身で、フランスで活躍した哲学者。政治的エコロジーの先駆者として知られる。彼によるエコロジーと社会主義についての著作には、『資本主義・社会主義・エコロジー』（一九九三年、新評論、杉村裕史訳）がある。

〈20〉バリー・コモナー（一九一七〜二〇一二）は、アメリカの生態学者・環境保護活動家。環境問題とエコロジーに関する多くの著作がある。日本語訳としては、『なにが環境の危機を招いたか　エコロジーによる分析と解答』（一九七二年、講談社ブルーバックス、安倍喜也・半谷高久訳）、『地に平和を　エコロジー危機克服のための選択』（一九九四年、ダイヤモンド社、松岡信子訳）などがある。

〈21〉ライナー・トランペルトとトーマス・エバーマンの二人による著作〝*Die Zukunft der Grünen. Ein realistisches Konzept für eine radikale Partei*〟は『ラディカル・エコロジー　ドイツ緑の党原理派の主張』（一九九四年、社会評論社、田村光彰訳）として日本語訳されている。「両者は共に緑の党の現実化路線に抗し、党の底辺や党外大衆運動を強化することにより、緑の党を単なるエコロジー政党とするのではなく、労働、経済体制をも変革の対象に入れたエコロジー社会主義をめざす政党に変えていこうとしていた」が、ベルリンの壁消滅後の「旧東独地域を襲う高物価、増加する失業率、外国人排斥を狙うドイツ・ナショナリズムの増大」の中で、「二人は、緑の党の現実路線はこれらの問題に答えられないと判断し、一九九〇年四月、他のエコロジー社会主義者と共に脱党を声明した。」（上記邦訳書の訳者による解題より引用）

〈22〉日本語版は、『社会主義の新たな展望〈1〉現実に存在する社会主義の批判』『社会主義の新たな展望〈2〉普遍的解放のための戦略』（一九八〇年、岩波書店、永井清彦・村山高康訳）。ルドルフ・バーロ（一九三五〜九七）は、東ドイツの経済官僚だったが、この著作を発表したあと、逮捕・有罪判決をうけ一九七九年に国外追放された。その後一時期、ドイツ緑の党の指導的メンバーとして活動していた。著作の日本語訳としては、他にも『東西ドイツを超えて共産主義からエコロジーへ』（一九九〇年、緑風出版、増田裕訳）がある。

〈23〉ジェイムズ・オコンナー（一九三〇〜）は、アメリカのマルクス経済学者。資本主義の「第二の矛盾」を通じて、つまり生産力・生産関係が生産条件＝人的資源（労働）・自然資源（材料）・作業場面（コミュニケーションの場）と衝突し、生態系を破壊するなどエコロジー的危機をもたらし、そのことによってエコロジー的社会運動が主体となって社会主義への移行をもたらすという考え方を展開した。著作の日本語訳には、『現代国家の財政危機』（一九八一年、御茶の水書房、池上惇・横尾邦夫訳）、『経済危機とアメリカ社会』（一九八八年、御茶の水書房、佐々木雅幸・青木郁夫訳）がある。

〈24〉フリーダー・オットー・ヴォルフ（一九四三〜）は、ドイツの哲学者で、ローザ・ルクセンブルグ財団の研究部門のフェローを務めている。『資本の専制、奴隷の叛逆「南欧」先鋭思想家8人に訊くヨーロッパ情勢徹底分析』（二〇一六年、航思社、廣瀬純編著）の中に、『論考ブリュッセルの「一方的命令」とシリザのジレンマ』が掲載されている。

〈25〉第四インターナショナル第一五回世界大会は当初、二〇〇一年に開催される予定だったが、実際には二〇〇三年になって開催され、この決議もそこで採択された。

〈26〉ジョエル・コヴェル（一九三六〜）はアメリカの医学者・社会学者。著作の日本語版には『エコ社会主義とは何か』（二〇〇九年、緑風出版、戸田清訳）がある。

〈27〉ジョン・ベラミー・フォスター（一九五三〜）は、アメリカの社会学者、『マンスリー・レビュー』編集委員。彼のエコロジーに関する著作のうち、日本語に翻訳されている主なものには、『破壊されゆく地球　エコロジーの経済史』（二〇〇一年、こぶし書房、渡辺景子訳）、『マルクスのエコロジー』（二〇〇四年、こぶし書房、渡辺景子訳）などがある。

〈28〉アリエル・サレーは、オーストラリアの社会学者・エコフェミニスト。二〇〇一年の「国際エコ社会主義者宣言」にも署名している。著作の日本語訳としては、「ディープ・エコロジーより深いもの―エコフェミニズムからの問題提起」（『環境思想の系譜3　環境思想の多様性』収録）があり、「福島―女性のリーダーシップへ」は以下のサイトで読むことができる。https://

jfissures.wordpress.com/2011/10/27/fukushima-a-call-for-womens-leadership/#more-1248

〈29〉エコフェミニズムの概念は、フランソワーズ・ドボンヌが一九七四年に発表した『フェミニズムか、死か』において初めて用いられたとされる。彼女は、エコフェミニズムを「惑星における人間の生存を賭けたエコロジー革命を起こす女の可能性」と定義した（「環境問題をめぐる女性と政治―エコフェミニズムとの関連で」山口裕司、『宮崎公立大学人文学部紀要』12巻1号）。エコフェミニズムにはさまざまな考え方があるが、「女性と地球上の生命―八〇年代エコ・フェミニズム会議」を企画するなど、一九八〇年代はじめのアメリカにおけるエコフェミニズム運動に大きな影響を与えたイネストラ・キングの主張は、「傷を癒す―フェミニズム、エコロジー、そして自然と文化の二元論」（『環境思想の系譜3　環境思想の多様性』収録）で読むことができる。

〈30〉ウーゴ・ブランコについては、第一章の訳注〈10〉参照。

〈31〉エルンスト・ブロッホ（一八八五〜一九七七）は、ドイツのマルクス主義哲学者。第一次世界大戦中はスイスに、ナチス政権時代はアメリカなどに亡命していた。ユートピアの力をマルクス主義的社会変革の要因と位置づける独自の哲学を展開した。ベンヤミンにも大きな影響を与えた。著作の多くは日本語に翻訳されている。主なものには、『ユートピアの精神』（二〇一一年、白水社、好村冨士彦訳）、『希望の原理』全六巻（二〇一二〜一三、白水社、山下肇ほか訳）などがある。

〈32〉アンリ・ルフェーヴル（一九〇一〜九一）は、フランスのマルクス主義社会学者・哲学者。『空間の生産』（二〇〇〇年、青木書店、斎藤日出治訳）、『都市の権利』（二〇一一年、ちくま学芸文庫、森本和夫訳）など多くの著作が日本語に翻訳されている。

〈33〉ギー・ドゥボール（一九三一〜九四）は、フランスの映画作家・著述家で、「シチュアシオニスト・インターナショナル（SI）」（一九五六〜七二）の創立者。シチュアシオニストは「状況主義者」と訳されることが多い。SIは、五月革命でも積極的な役割を果たした。

〈34〉ジャン・ボードリヤール（一九二九〜二〇〇七）はフランスの哲学者で、消費社会の分析・批判で知られる。『消費社会の神話と構造　新装版』（二〇一五年、紀伊國屋書店、今村仁司・塚原史訳）、『芸術の陰謀　消費社会と現代アート』（二〇一一年、NTT出版、塚原史訳）など多くの著作が日本語訳されている。

〈35〉ジャック・エリュール（一九一二〜九四）は、フランスの社会学者・神学者。現代テクノロジーを批判した著作『技術社会（上・下）』（一九七五〜七六年、すぐ書房、島尾永康・竹岡敬温訳）は、大きな影響を与えた。

〈36〉セルジュ・ラトゥーシュ（一九四〇〜）は、フランスの経済学者で「脱成長論」の中心的な理論家。『〈脱成長〉は、世界を変えられるか　贈与・幸福・自律の新たな社会へ』（二〇一三年、作品社、中野佳裕訳）、『経済成長なき社会発展は可能か？　〈脱成長〉と〈ポスト開発〉の経済学』（二〇一〇年、作品社、中野佳裕訳）などが日本語に翻訳されている。

〈37〉ヴァンサン・シェイネ（一九六六〜）は、脱成長を掲げるフランスの雑誌*La Décroissance*の創立者・編集者の一人。

〈38〉ATTACはAssociation pour la Taxation des Transactions pour l'Aide aux Citoyens（市民援助のために通貨取引税の課税を求める協会）の略称。トービン税の実現をめざし、一九九八年にフランスで創立された。その後、世界各国にネットワークを拡げ。グローバル・ジャスティス運動を担っている。世界社会フォーラムを呼びかけた団体の一つ。日本でのATTACの活動については、以下のサイトを参照のこと。

http://www.jca.apc.org/attac-jp/japanese/（首都圏）

http://attackansai.seesaa.net/（関西）

〈39〉ジャン・マリ・アリベイ（一九四八〜）は、フランスの経済学者で、ATTACフランス学術評議会メンバー。二〇〇六〜九年には、ATTACフランスの共同代表を務めた。彼の論文『必ずしも発展に成長は必要ない』（Le Monde diplomatique 二〇〇四年七月号より）の日本語訳は、以下のサイトで読むことができる。

http://www.diplo.jp/articles04/0407-5.html

〈40〉左翼党は、二〇〇八年にジャン・リュック・メランションなどによって創立された。メランションは、二〇一四年に共同代表を辞任し、二〇一六年に「不服従のフランス」を結成した。反資本主義新党は、二〇〇九年に革命的共産主義者同盟（LCR）を中心に、さまざまな左翼グループや個人を結集して結成された。

〈41〉ステファン・ラヴィニョット（一九七〇〜）は、フランスの環境保護活動家・著述家。

〈42〉ベルタ・カセレス（一九七一〜二〇一六）は、ホンジュラスの先住民レンカ族出身で、多国籍企業によるダム建設、鉱脈開発に対する異議を唱える活動を展開していた。二〇一五年にゴールドマン財団環境賞を受賞。二〇一六年三月三日に自宅を襲撃した殺害者グループによって暗殺された。

第一章　エコ社会主義とは何か？

現在の資本主義システムは、地球上の住民に回復できない多くの災害をもたらしている。その中には、大都市や田園地帯で加速度的に悪化する大気汚染、汚染された飲料水、地球温暖化、それにともなって極地の氷冠が溶け始め、気候に起因する極端な「自然」災害が増えていること、オゾン層の劣化、熱帯雨林破壊の拡大、何千という種の絶滅を通じた生物多様性の急激な減少、土壌の枯渇、砂漠化、廃棄物集積、とりわけ核廃棄物の制御できないほどの集積、新たな、恐らくはもっと破滅的な「チェルノブイリ」のような脅威をともなう核事故の増大、食料の汚染、遺伝子工学、ＢＳＥ、ホルモン剤を投与された牛肉などが含まれる。すべての警告灯は真赤に点灯している。飽くことを知らぬ利潤追求、資本主義文明／工業文明の生産力主義的・商業的論理によって、われわれは、きわめて深刻なエコロジー災厄に直面している。これは「天変地異説」に屈することではなく、資本主義の拡大によってもたらされた、際限のない「成長」という力学が、地球上の人間生命の土台となる自然を脅かしていることを証明することである。

われわれは、この危険に対していかに対応すべきなのか？　社会主義とエコロジー——少なくともその潮流の中のいくつか——は客観的目標を共有している。その目標とは、資本主義経済の自律性、数量化による支配、それ自体が目的となっている生産、貨幣による独裁、社会生活の利益計算や資本蓄積ニーズへの還元といったものに疑問を呈することを意味する。社会主義もエコロジーも、質的な価値を求めている。社会主義者にとって、それは、使用価値であり、必要なものの充足であり、社会的平等である。エコロジストにとって、それは、自然保護であり、生態系の均衡である。両者とも、環境（社会環境や自然環境）の中に経済が「埋め込まれている」と考えている。

とは言うものの、いままで「赤」と「緑」、つまりマルクス主義者とエコロジストを分けてきた基本的な違いがある。エコロジストは、マルクスとエンゲルスを生産力主義だと非難している。これは正当化されるだろうか？　答えはイエスでもあり、ノーでもある。

マルクスほど、生産自身が目的となっている、つまり資本・富・商品の蓄積それ自体を目的とする資本主義的生産の論理を激しく非難した人はいない。その限りでは、答えはノーである。社会主義という考え方は――無残な官僚的変形を遂げたもの[1]とは逆に――まさに使用価値を生産するという考え方であり、人々のニーズを充足するのに必要な品物を生産するという考え方である。マルクスにとって、技術的進歩の究極の目標は、品物を無制限に貯めこむこと（「所有すること」having）ではなく、労働時間を短縮し、自由時間を増やすこと（「個人の存在」being）なのである。

マルクスとエンゲルスには（のちのマルクス主義ではなおさらだが）、工業文明がもつ環境に対する破壊的関係において特にそうなのだが、工業文明に対する批判的姿勢が不十分で、「生産力の発展」を進歩の主なベクトルだとする傾向がしばしば見られるという限りでは、答えはイエスである。

実際のところ、マルクスとエンゲルスの諸著作の中には、この両方の解釈を支持する材料が見られる。二一世紀が始まるにあたって、エコロジー問題はマルクス主義思想の大きな刷新に向けた挑戦であるというのが私の意見だ。そのために必要なことは、マルクス主義者が「生産力」という伝統的概念を深く批判的に修正しようとすること、そして直線的進歩というイデオロギーや現代工業文明の技術的・経済的枠組みと根本的に決別することである。

ヴァルター・ベンヤミン〈2〉は、この問題をことばで表現した二〇世紀最初のマルクス主義者の一人だった。一九二八年、『一方通行路』の中で、彼は自然を支配するという考えを「帝国主義者の教義」だとして非難した。そして、技術について「自然と人間との関係を支配すること」という新しい概念を提起した。その十数年後、彼は『歴史の概念について』の中で、「自然を搾取するのではなく、自然の胎内で可能性としてまどろんでいる創造物を自然から抽出できるものとしての労働」を夢見たユートピア空想家フーリエの考え方を用いて、史的唯物論を豊かにすることを提案した。

今日、マルクス主義は、この点についてその遅れを取り戻せたとは決して言えない。それにもかかわらず、いくつかの思想潮流がその問題にとりくみ始めている。アメリカのエコロジストで「マルクス主義者であり、ポラニー主義者〈3〉」でもあるジェイムズ・オコンナーが創意にあふれた先鞭をつけた。彼が提起するのは、マルクスの言う資本主義の第一の矛盾（生産力と生産関係との間の矛盾）に、労働者・都市空間・自然を考慮する第二の矛盾（生産力と生産条件との間の矛盾）を付け加えることである。彼は、資本は自らの拡張力学を通じて、自然環境をはじめとする資本自身の諸条件を危険にさらし、破壊すると指摘する。これはマルクスが十分には考察しなかった可能性である。
もう一つの興味深いアプローチは、イタリアの「エコ・マルクス主義者」ティツィアーノ・パガロッロによる最近のものである。

潜在的な生産力が結局のところ、自然に対する効果的な破壊力に転化しているということにもとづいた考え方のほうが、（強力な）生産力と（生産力の足かせとなっている）生産関係との間の矛盾という有名な体系よりは妥当で、意味があるように思える。さらに、この考え方によって、経済・技術・科学の発展に対する堂々とした批判の基礎が提供され、そしてそれゆえに、進歩の「差別化された」概念を入念に作りあげることができるようになるのである。

「進歩」と生産力主義というイデオロギーが、マルクス主義者であろうとなかろうと、ヨーロッパにおける伝統的な労働運動（労働組合や社会民主主義政党、共産党）の考え方を深く規定し続けている。そして、ある場合には、核エネルギーや自動車産業を防衛することにあまり疑問を呈することもなく、そのイデオロギーを主導しさえしたのだ。しかし、エコロジーに対する鋭敏な感覚が、北欧諸国、スペイン、ドイツの労働組合や左翼政党の中から現れ始めた。

エコロジーの大きな貢献は、現在の生産・消費様式の結果として、地球に脅威を与えている危険をわれわれに認識させたことであり、いまでも認識させていることだ。環境への攻撃が急激に増加し、生態系の均衡の崩壊という脅威が増大していることによって、人類という種の生存に疑問を抱かせる破局的シナリオが現実のものとなっている。われわれが直面しているのは、根本的変革を必要とする文明の危機なのだ。

問題は、ヨーロッパの政治的エコロジーの指導グループによって推進されている提案が、エコロジー危機に対して、せいぜいのところ非常に不十分な解決策にとどまっていて、最悪の場合にはまったく不適切な解決策であるということである。それらの主な弱点は、生産力主義と資本主義との間には不可欠なつながりがあることを認識していないところにある。それどころか、エコタクシーのような「行き過ぎ」をコントロールできる改革や「グリーン経済学」のような考え方をばらまくことで、「クリーンな資本主義」という幻想を生み出しているのだ。さらに、「ソビエト連邦に見られたような」官僚的指令経済が西側の生産力主義を模倣したことを口実として、資本主義と「社会主義」を同じモデルの別の形態だと見なしている。そうした論議は、いわゆる「現存する社会主義」の崩壊の後、その魅力の多くを失ってしまったのだが。

もし、エコロジストがマルクス主義の資本主義批判なしでもやっていけると考えるのなら、それは間違いだ。「生産力主義」と利潤論理との間の関係を認識しないエコロジー思想は、失敗する運命にある。あるいは、もっと悪いことに、システムに吸収されてしまう運命にあるだろう。首尾一貫した反資本主義的姿勢を欠いているため、ヨーロッパの緑の党のほとんど（特にフランス、ドイツ、イタリア、ベルギー）は、中道左派政権が資本主義を社会自由主義的に運営する際の単なる「エコ改良主義」パートナーになってしまった。

一部のエコロジストたちは、労働者が生産力主義にとらわれていて、それを変えることはできないと考え、労働運動から遠ざかり、「左でも右でもなく」というスローガンを採用してきた。エコロジーに転じたかつてのマルクス主義者は、「労働者階級との決別」（アンドレ・ゴルツ）を軽率に言ったり、アラン・リピエッツ〈4〉のように「赤」＝マルクス主義や社会主義を放棄して、「緑」＝すべての経済的・社会的問題への解答と考えられている新たな枠組みへ加わる必要性を主張したりしている。

最後に、私たちの見るところでは、いわゆる原理主義者やディープ・エコロジー〈5〉のグループは、人間中心主義に反対するという名のもとで、ヒューマニズムを否定し、そのことによってすべての生物を同じ水準に置くという相対論的立場に立つに至っている。コッホが発見した結核菌やハマダラカ〈6〉が、結核やマラリアにかかっている子どもと同じ生きる権利を持っているると本当に主張すべきなのだろうか？

それでは、エコ社会主義とは何だろうか？　それは、生産力主義という不純物を取り除きながら、マルクス主義の基本的成果を活用するエコロジー的思想・行動の潮流である。エコ社会主義者にとって、市場の利潤論理、そして今はなき「現存する社会主義」内での官僚的独裁主義の論理は、自然環境を保護する必要性とは相容れないものである。エコ社会主義者は、労働運動の支配的セクターのイデオロギーを批判する一方で、同時にシステムの根本的転換および新たな社会主義・エコロジー社会の樹立にとって、労働者とその組織が必要不可欠な勢力であることをも承知している。

エコ社会主義は、主として過去三〇年の間に発展してきた。その発展は、レイモンド・ウイリアムス、ルドルフ・バーロ（の初期の著作）、アンドレ・ゴルツ（の初期の著作）といった主要な思想家の業績だけでなく、『キャピタリズム・ネイチャー・ソーシャリズム』や『エコロジア・ポリティカ』といった雑誌に原稿を寄せた、ジェイムズ・オコンナー、バリー・コモンナー、ジョン・ベラミー・フォスター、ジョエル・コヴェル、およびホアン・マルチネス・アリエ、フランシスコ・フェルナンデス・ブエイ、ホルヘ・リーチマン（この三人はスペイン出身）、ジャン・ポール・ドゥレアージュ、ジャン・マリ・アリベイ（フランス）、エルマー・アルトヴァター、フリーデル・オットー・ウルフ（ドイツ）、さらにまた他の多くの人々のおかげである。

この潮流は政治的に均質ではない。それでも、代表する人々の多くはある共通のテーマを共有している。それは、進歩という生産力主義的イデオロギー――資本主義的形態および官僚主義的形態の両方、あるいはどちらか――と決別し、自然を破壊する生産・消費様式の無制限の拡大に反対しながら、マルクス主義的社会主義の基本的考え方と批判的エコロジーの成果とを結合しようとする創造的試みである。

ジェイムズ・オコンナーは、エコ社会主義者を、社会的ニーズと環境保護に必要なものに応じて生産を組織することによって、交換価値を使用価値の下位に置こうとする理論と運動であると定義する。彼らの目標であるエコロジー社会主義は、民主的コントロール、社会的平等、使用価値の優位性に基礎を置く、エコロジーの面で合理的な社会になるだろう。私は、この概念が生産手段の集団的所有、社会が投資・生産の目標を決めることを可能にする民主的計画作成、生産力の新たな技術的構造を想定している点を付け加えておこう。

エコ社会主義者の論拠は、以下の二つの本質的な議論にもとづいている。

1．先進資本主義国における現在の生産・消費様式は、（資本・利潤・商品の）無制限の蓄積、資源の浪費、誇示的消費、環境破壊の加速という論理にもとづいており、とにかく深刻なエコロジー危機抜きには世界中に拡大することはできない。最近の計算によれば、もしアメリカ合衆国の平均的エネルギー消費を世界中に拡大すれば、石油の既知埋蔵量は一九日で使い尽くされるということだ。そのように、このシステムは必然的に、北と南との間の歴然とした不平等を維持し、拡大するように機能する。

2. その原因は何であれ、市場経済に基礎を置く資本主義的「進歩」の継続と文明の拡大は、まさに世界の圧倒的多数の人々がほんの少ししか消費していないというきわめて不公平な形態をとっていて、中期的には（いかなる正確な予測もリスクをともなうだろうが）人類の生存を直接に脅かす。自然環境の保護はそれゆえ、人道的責務となっている。

短期的な損益計算をともない、資本主義市場によって制約されている合理性は、自然サイクルの長さを考慮するエコロジーの合理性とは、本質的に矛盾したところにある。環境を破壊する「悪い」資本家と環境に優しい「良い」資本家とを対比させるという問題ではない。自然のバランスを破壊しているのは、無慈悲な競争、収益性の要求、短期的利益のための競争にもとづくシステムそれ自身なのである。グリーン資本主義を指向するというのは単なる売名行為であり、商品を売るという目的のために貼られたラベルである。せいぜいのところ、資本主義という乾き切った土の上に一滴の水を垂らすという程度の限られたイニシアチブに過ぎない。

エコ社会主義者にとっての未来の挑戦は、新自由主義によってもたらされた商品への物神崇拝と経済の物象化された自律性に反対して、「モラル・エコノミー（道徳経済）[7]」を現実のものとすることである。このモラル・エコノミーは、E・P・トムスンがこの用語を用いた意味で存在しなければならない。つまり貨幣によらない経済外の基準にもとづく経済政策という意味においてである。言い換えれば、モラル・エコノミーは、経済を生態系・社会・政治の中に再統合しなければならない。

部分的改革ではまったく不十分である。つまり、必要とされるのは、利潤というごく小さな合理性を、社会的・エコロジー的な巨大な合理性に置き換えることなのである。そのことは、文明の真の変革を要求する。そのことは、現在のエネルギーを、風力エネルギーや太陽エネルギーのような汚染を引き起こさない再生可能なエネルギーによって置き換えることを目指す重大な技術的再転換なしには不可能である。それゆえ、第一の問題は、生産手段のコントロール、とりわけ投資や技術変化の決定権にかかわっている。社会の公益に奉仕するために、その決定権は、銀行や資本主義企業から奪い返されなければならない。

確かに、根本的変革は、生産だけでなく消費にもかかわってくる。しかし、ブルジョア文明・工業文明の問題は、エコロジストがしばしば主張するように、人々の「過剰消費」にあるのではない。消費に対する一般的「制限」は解決策にはならない。問題にしなければならないのはむしろ、現在の虚飾・浪費・商業的疎外にもとづく支配的な消費**様式**および蓄積に対する執着なのである。

社会主義への過渡期経済は、（カール・ポラニーが言うように）社会環境や自然環境の中に「再び埋め込まれ」、「市場原理」や全能の政治局ではなく、民衆自身が民主的に優先順位や投資を選択することに基礎が置かれるだろう。地域的・国内的な民主的計画、そして遅かれ早かれ国際的な民主的計画によって次のような事柄が決められるだろう。

・どんな製品に補助金を出すべきか、あるいは無償で分配されるべきか。
・最初のうちは、それがもっとも利益になる訳ではないとしても、どんなエネルギー・オプションを追求すべきか。
・社会的・エコロジー的基準にしたがって、いかに交通システムを再組織するか。
・資本主義がわれわれに残した環境の甚大な被害を可能な限りすばやく修復するために、どんな手段をとるべきか。などなど……。

この過渡期は、新たな生産様式や平等で民主的な社会だけでなく、オルタナティブな生活様式、つまり新たなエコ社会主義的文明へとつながっていくだろう。それは、貨幣による支配、広告によって人為的に作り出された消費習慣、そして環境に有害な自家用車のような商品の際限なき生産を乗り越えた文明である。これはユートピアなのか？　ユートピアとはもともと「どこにもない何か」という意味なのだが、その意味においては確かにそうだろう。しかし、ヘーゲルの「現実的なものはすべて合理的であり、合理的なものはすべて現実的である」ということばを信じないとすれば、ユートピアに訴えないで、どのようにして現実的合理性を考察するのか？　ユートピアが現実の中にある矛盾や現実の社会運動にもとづいているならば、ユートピアは社会変革にとって不可欠である。このことはエコ社会主義にも当てはまる。エコ社会主義は、「赤」と「緑」の戦略的同盟および南の被抑圧・被搾取人民との連帯運動を提起する。ここでの「赤」と「緑」とは、政治家が用いるような狭い意味での社会民主主義政党と緑の党という意味ではなく、より広い意味での労働運動とエコロジー運動とを意味する。

この同盟は、エコロジーの側が反人間主義的な自然主義への傾倒をやめ、自らの立場が経済学批判に取って代わるものだとするその主張を放棄することを意味する。もう一方では、マルクス主義の側もその生産力主義を克服することが必要となる。これを理解する一つの方法は、生産力と（生産力の障害となっている）生産関係との対立という機械的主張を放棄することだろう。この主張は、資本主義システムの生産力は破壊力になるのだという考え方によって置き換えられるべきであり、少なくとも補完されるべきである。たとえば、軍需産業あるいは人々の健康や自然環境を破壊するさまざまな生産部門を考えてみよ。

グリーン社会主義やソーラー共産主義という革命的ユートピアをめざすことは、すぐさま行動すべきではないということではない。資本主義を「エコロジー化する」という幻想を持っていないからと言って、当面の改革をめざす闘いに参加できないということではない。たとえば、ある種のエコタクシーは、（民衆にではなく、汚染の当事者に代価を払わせるという）平等主義的な社会論理にもとづいているのなら、そして生態系の被害のために「市場価格」という経済計算神話を捨て去るなら、役に立ちうるだろう。生態系の被害は、いかなる貨幣的見地から見ても引き合わないからである。われわれは、何としても時間との競争に勝つ必要がある。そして、オゾン層を破壊するハイドロクロロフルオロカーボン（ＨＣＦＣ、いわゆるフロンの一つ）の禁止、遺伝子組換え作物の停止、温室効果ガスの劇的な削減のためにただちに闘う必要がある。さらに、自家用車ではなく、公共交通に優先的地位を与える必要がある。自家用車は汚染をまき散らし、反社会的だからである。

ここでわれわれを待ち受ける罠は、われわれの要求についての型にはまった認識である。それは要求の中味を空っぽにしてしまうからである。典型的な例は、気候変動にかかわる京都議定書である。京都議定書は、地球温暖化をもたらす温室効果ガスを、一九九〇年を基準としてわずか五％削減すると定めている。確かにこの削減量では少なすぎるので、いかなる成果も達成することができないだろう。知られているように、これらの温室効果ガス排出に主な責任を持つアメリカ合衆国は、議定書に署名するのを断固として拒否した。ヨーロッパ・日本・カナダについて言えば、議定書に署名はしたが、その一方で有名な「排出権市場」のような条項をつけ加えた。そのことによって、すでに制約を受けている条約の到達点はさらに大きく後退してしまった。それは、人間にとっての長期的利益よりは、多国籍石油企業や大きな影響力を持つ自動車産業の短期的視点によるものだ。

エコ社会的な改革のための闘いは、「市場原理」の名の下で「競争」や「現代化」を求めることが支配的な関心事となっていることの圧力や議論を拒否するならば、ダイナミックな変化のための手段になりうるし、最小限要求と最大限綱領との間の「橋渡し」になることもできよう。

以下のような当面の要求は、社会運動とエコロジー運動、労働組合と環境守護者、「赤」と「緑」との間ですでに意見が一致しているか、あるいは今後すぐに一致できるものである。

・自家用車やトラック輸送システムによる、都市や農村部での息もできなくなるような汚染に対するオルタナティブとして、安価な、あるいは無料の公共交通（列車、メトロ、バス、路面電車）を推進すること。

・ＩＭＦや世界銀行によって南の諸国に押しつけられた債務や極端な新自由主義的「構造調整」システムを拒否すること。こうした債務や「構造調整」システムは、大規模な失業、社会的保護の破壊、輸出を通じた自然資源の破壊といった急激な社会的・エコロジー的影響をもたらしているからである。

・強欲な資本主義大企業による大気・水・食料の汚染に反対して、公衆衛生を防衛すること。
・失業に対応し、財の蓄積よりも自由時間を優先する社会を創造するために、労働時間を短縮すること。

解放をめざすすべての社会運動は、より人間的で、自然により一層の敬意を払う新たな文明を産み出すために結集しなければならない。ホルヘ・リーチマン〈8〉がうまく表現しているように、「このプロジェクトは、虹を彩るどの色も拒否できない。反資本主義者・平等主義的労働運動の赤色も、女性解放闘争のスミレ色も、非暴力的平和運動の白色も、リバタリアン・無政府主義者の反専制主義的な黒色も拒否できないし、ましてや居住に適した地球上での公正で自由な人間性のための闘いの緑色も拒否できない」のである。

急進的な政治的エコロジーは、多くのヨーロッパ諸国に存在する社会・政治勢力になった。そして、ある程度まではアメリカ合衆国においてもそうなっている。しかし、エコロジー問題を北の諸国にかかわるだけの問題であり、金持ちの社会の贅沢品だと見なすことほど間違ったものはない。エコロジー的側面を有する社会運動は、南の周縁資本主義諸国においてますます発展しているからである。

これらの運動は、帝国主義諸国による「汚染輸出」という意図的な政策の結果として、アジア・アフリカ・ラテンアメリカにおけるエコロジー問題がますます深刻になってきていることに対応している。一九九二年初めに『エコノミスト』誌で公表された、世界銀行チーフ・エコノミストのローレンス・サマーズ（ハーバード大学学長）の内部メモは、資本主義市場経済の観点からの経済的「正当化」をあからさまに表現した。〈9〉

ここだけの話だけど、世界銀行は、公害産業のＬＤＣ（低開発国）移転をもっと奨励すべきだ。それには三つぐらいの理由が考えられる。

1．健康被害を引き起こす汚染のコストは、罹患率や死亡率の上昇によって起こされた逸失収入によって測定される。この観点からは、健康被害を引き起こす汚染は、もっともコストの低い国々、すなわち賃金水準がもっとも低い国々でおこなわれるべきである。賃金水準が最低の国々に有毒廃棄物を投棄することには、非の打ち所のない経済的合理性がある。その事実を直視すべきだ。

2．汚染コストは直線的には増加しない。初期の汚染増加はおそらく非常に低コストだからだ。いつも思うのだが、アフリカの人口過疎地帯の国々では、汚染のレベルがかなり低すぎる。これらの国々の大気の汚染度は、ロサンゼルスやメキシコシティに比較して、ひどい非効率といえるほどの低レベルといえよう。……

3．美的な理由および保健衛生上の理由によるクリーンな環境への需要は、収入水準との連動性が非常に高い。前立腺がんを引き起こす確率が百万分の一であるような薬品に対する懸念は、前立腺がんにかかる年齢まで生存する確率が高い国の方が、千人のうち二百人が五歳になるまでに死んでしまうような国よりも大きいのは当然だろう。(原注一)

国際金融機関によって産み出される「発展」についてのなだめるようないつものスピーチとは反対に、このメモの中にはグローバル資本の論理をはっきりと現わす冷笑的な定式化がある。

南の諸国では、ホアン・マルチネス・アリエ〈10〉が「貧者のエコロジー」、あるいは「エコロジー的ネオ・ナロードニキ」とさえ呼ぶ運動が誕生している。この運動には、小農民農業を防衛し、自然資源への共同のアクセスを防衛する大衆的動員が含まれている。これらが市場(あるいは国家)の攻撃的拡張による破壊によって脅かされているからである。それとともに、この運動には、不平等な交換、依存型工業化、遺伝子組換え、農村部における資本主義発展(アグリビジネス)によって引き起こされるローカルな環境悪化に対する闘いも含まれている。こうした運動が、自らをエコロジー的だと規定することはあまりない。にもかかわらず、こうした闘いは決定的なエコロジー的側面を持っている。

これらの運動が、技術的進歩によってもたらされる改善に反対していないのは言うまでもない。むしろ逆に、電気、水道、下水、さらに多くの診療所を求める要求は、彼らのプログラムの中で重要である。彼らが拒絶するものは、「市場原理」と資本主義的「拡張」衝動の名のもとに、自然環境が汚染され、破壊されることである。ペルーの農民指導者であるウーゴ・ブランコ[11]による最近の論文は、この「貧者のエコロジー」の意味をはっきりと表現している。

一見したところ、環境守護者、あるいは環境保護論者は愉快な人々で、少々風変わりにみえる。彼らの人生の主たる目標は、シロナガスクジラやパンダの絶滅を防ぐことである。普通の人は、例えば、日々のパンをどのようにして入手するか、といったもっと重要な事柄に心を奪われているものだ。しかし、ペルーでは、環境守護者が大勢いる。もちろん、あなたが彼らに向かって、「あなたはエコロジストです」と言えば、彼らはおそらく、こう答えるだろう。「エコロジストだって。とんでもない」と。しかし、南ペルー銅会社によって起こされた汚染に対する闘いの渦中にいるイロの町や周辺の村の住民は環境守護者ではないのか？　略奪から森を守るために死ぬ覚悟ができているアマゾンの人々は、ことごとくエコロジストではないのか？　リマの貧しい人たちが水の汚染に対して抗議するときも、同じことが言えるのである。

数え切れないほどある「貧者のエコロジー」運動のなかで、ある運動が特に典型的で目立つ。その運動は同時に、社会主義的かつエコロジー的であり、ローカルかつグローバルであり、「赤」かつ「緑」である。それは、シコ・メンデス[12]と「森林居住者連合」

の闘いであり、大地主や多国籍アグリビジネスの破壊的行動に対してブラジルのアマゾン地域を守るために闘っているのだ。

この衝突の主要な様相を手短に思い出しておこう。シコ・メンデスは、八〇年代初頭には、統一労働者連合（ＣＵＴ）とつながりのある戦闘的労働組合活動家で、ブラジル労働党（ＰＴ）によって代表される新たな社会主義運動の支持者だった。メンデスは、牧草地を作るためにブルドーザーで森を伐採した大地主に反対して、ゴム樹液採取で生計を立てる小農民（セリンゲイロ）の土地占拠を組織した。その後、彼は、下部教会組織の支持を受けて、小農民、農場労働者、セリンゲイロ、労働組合活動家、そして先住諸部族を統合するのに成功し、森林居住者連合を形成した。そして森林伐採しようとする多くの試みを阻止した。これらの行動によって国際的な抗議の声がわき起こり、その結果、一九八七年に彼は国連環境計画グローバル５００賞を受けた。しかしその後間もなく、一九八八年一二月、彼は雇われた暗殺者によって殺され、大地主らは金で雇った暗殺者に彼を殺させることによって、彼の闘いに高い代償を支払わせた。

社会主義とエコロジーとの結合、小農民の闘いと先住民の闘いとの結合、ローカルな人々の生存と地球的関心事（最後の大熱帯林の保護）に責任を負うことの結合を通じて、この運動は「南」における将来の大衆的な動員の枠組みとなることができよう。

今日、二一世紀への変わり目において、急進的な政治的エコロジーは、資本主義による新自由主義グローバリゼーションに反対する巨大な運動のもっとも重要な要素の一つになっている。そして、それは北でも南でも発展しているところだ。一九九九年のシアトルにおける大きな反WTOデモにおいて、エコロジストが大衆的に登場したことは際立った場面の一つだった。そして、二〇〇一年のポルトアレグレにおける世界社会フォーラムにおいて、もっとも象徴的な行動の一つは、ブラジルの土地なき農民運動とジョゼ・ボベ率いるフランス農民連盟の活動家によって主導された、モンサント社の遺伝子組換えトウモロコシ畑を掘り起こすというとりくみだった。遺伝子組換え食品がコントロールされないまま拡がっていることに対する闘いは、ブラジル、フランス、そして他の国々でも人々を動員している。この闘いは、エコロジスト運動だけでなく、農民運動や左翼の一部、そして遺伝子組み換えによる公衆衛生や自然環境への予期しがたい結果に不安を感じている一般大衆をも結集している。世界の商品化に反対する闘い、環境保護、多国籍企業による独裁への抵抗、エコロジーのための闘いは、資本主義による新自由主義グローバリゼーションに反対する世界的運動の思想と実践において、緊密につながっているのだ。

（原注一）Editorial, "Let Them Eat Pollution," *Economist* (February 8, 1992)

訳注

〈1〉ここで著者が「官僚的変形を遂げた」と書いているのは、ソビエト連邦の官僚指導部が、社会主義の考え方を本来のものから変形させたことを指す。また、本文中にしばしば登場する「官僚的」「官僚主義」という言い方は、「崩壊前のソビエト連邦・東欧の官僚的指導部による」という意味で用いられている。

〈2〉ヴァルター・ベンヤミン（一八九二〜一九四〇）は、ドイツの文芸批評家、哲学者、思想家、翻訳家、社会批評家。西洋マルクス主義に強い影響を与えた。日本語訳されている主な著作には、『パサージュ論』（二〇〇三年、岩波現代文庫、今村仁司・三島憲一訳）、『この道、一方通行』（二〇一四年、みすず書房、細見和之訳）、『[新訳・評注]歴史の概念について』（二〇一五年、未來社、鹿島徹訳）などがある。また、『ベンヤミン・コレクション』全七巻（一九九五〜二〇一四年、ちくま学芸文庫、浅井健二郎・久保哲司など訳）には、代表的な著作が網羅されている。ベンヤミンのエコロジー思想については、本書第六章に詳しい。

〈3〉カール・ポラニー（一八八六〜一九六四）は、ウィーン出身の経済人類学者で、非市場社会では「経済が社会に埋めこまれている」と考えた。古代社会では、親族関係・儀礼行為・贈与慣習などに、経済とは意識されない経済行為が財の生産と配分として働いていると考えるからである。主な著作の日本語訳には、『大転換：市場社会の形成と崩壊』（二〇〇九年、東洋経済新報社、野口建彦・栖原学訳）、『経済の文明史』（二〇〇三年、ちくま学芸文庫、玉野井芳郎など訳）、『人間の経済Ⅰ　市場社会の虚構性』（二〇〇五年、岩波書店、玉野井芳郎など訳）、『人間の経済Ⅱ　交易・貨幣および市場の出現』（二〇〇五年、岩波書店、玉野井芳郎など訳）などがある。

〈4〉アラン・リピエッツ（一九四七〜）は、フランスの環境保護活動家で、フランス緑の党創設者の一人。著作の日本語訳としては、『政治的エコロジーとは何か　フランス緑の党の政治思想』（二〇〇〇年、緑風出版、若森文子訳）、『緑の希望　政治的エコロジーの構想』（一九九四年、社会評論社、若森文子・若森章孝訳）、『レギュラシオンの社会理論』（二〇〇二年、青木書店、若森章孝・若森文子訳）がある。

〈5〉ディープ・エコロジーは、ノルウエーの哲学者アルネ・ネスによって提唱されたエコロジー思想。従来のエコロジー思想は、結局は人間社会（特に先進諸国）に価値をおいたものであり、「浅い（shallow）」エコロジーとされ、それに対して、ネスは、自然界に存在するすべてのものに対する見方を根本的に問い直し、その作業を通じて必ずしも人間の利益に供するものではない新たな価値観を構築することを求めている。その点において「深い（deep）」エコロジーと呼ばれる。その主な主張は、生態系の構成員すべてが「生き栄えるという等しく与えられた権利」を持つこと、生態圏はそこに存在する有機的生物だけでなく、それらを取り巻く無機物の環境も含めた全体によって構成されており、それらは網の目状に相互に関係していて「個々の生命はその関係の網の結び目にあたる」ことなどがあげられる。その主張の概要については、『環境思想の系譜3　環境思想の多様性』（一九九五年、東海大学出版会）収録の「ディープ・エコロジー」（ビル・デヴァル／ジョージ・セッションズ、関曠野訳）を参照のこと。

〈6〉コッホは結核菌の発見者。また、ハマダラカ（羽斑蚊）の中には、マラリアを媒介する種が含まれている。

〈7〉モラル・エコノミーとは、経済的な行為や行動を支えている論理の中に人々の道徳的なもの（倫理）がある場合、そのような原理で動く経済活動や実践のことを指す。エドワード・パルマー・トムスン（一九二四〜九三）は、『一八世紀イングランド群衆のモラル・エコノミー』（一九七一年）の中で、一九世紀の英国の民衆暴動において、社会が飢餓状態のときに暴動参加者が暴利をむさぼる者をうち倒し、必需品を適正価格で売ろうとすることを当然視するような態度に着目し、それを公共の福祉を優先する道徳的行為であると主張して、こうした伝統的な経済観念にもとづく経済活動を「モラル・エコノミー」と呼んだ。トムスンによれば、モラル・エコノミーには、（生存条件が侵された）被抑圧者の抵抗や革命的暴力は感情にまかせた非合理的な行為ではなく、なによりもまず「倫理的行為」でもあるという意味が含まれている。

〈8〉ホルヘ・リーチマン・フェルナンデス（一九六二〜）は、スペインの詩人・哲学者・環境保護活動家。

〈9〉この内部メモは「サマーズメモ」と言われる。明らかになった当時、廃棄物を貧困国に押しつけようとする姿勢に批判が集中したが、世界銀行はこのメモは個人的見解だとして、批判をかわそうとした。

〈10〉ホアン・マルチネス・アリエ（一九三九〜）は、スペインの経済学者で、国際エコロジー経済学会の創立者の一人で、理事を務めた。著作の日本語訳としては、『エコロジー経済学　もうひとつの経済学の歴史』（一九九九年、新評論、工藤秀明訳）がある。

〈11〉ウーゴ・ブランコ（一九三四〜）は、一九六〇年代初期のペルー・クスコ地域におけるケチュア人農民反乱の指導者で、第四インターナショナル・ペルー支部だった革命的労働者党のリーダーでもあった。彼は軍部によって捕らえられ、その活動のためにエルフロントン島刑務所で死刑を宣告された。彼は獄中で『土地か死かペルー農民の闘争』（日本語訳は、『土地か死かペルー土地占拠闘争と南米革命』（一九七四年、柘植書房、山崎カヲル訳）を書いた。エルネスト・チェ・ゲバラ、ジャン・ポール・サルトル、シモーヌ・ド・ボーヴォワール、バートランド・ラッセルといった人々の支持を得た国際的救援キャンペーンは、二五年の刑への減刑とその後の釈放に成功した。メキシコ、チリ、スウェーデンなどでの亡命生活の後、一九七八年にペルーに戻った彼は、統一左翼の候補者名簿で国会議員に選出された。彼は、ペルーの先住民・農民運動や環境運動で積極的な役割を果たしつづけており、現在は『ルチャ・インディジェナ（先住民の闘争）』の編集者として、ペルー、先住民、ラテンアメリカについての著作活動を行っている。

〈12〉シコ・メンデス（一九四四〜一九八八）は、ブラジルのゴム樹液採取者の指導者、エコロジスト。彼は、出身地であるアクレ州シャプリでゴム樹液採取者を組織し、シャプリ農業労働者組合を結成した。ゴム採取労働者を追い出して、熱帯雨林を伐採し牧草地を拡大しようとする大牧場主との闘いの中で、牧場主の雇った暗殺者の手によって射殺された。彼の闘いとその意義については、本書第七章で詳しく述べられている。シコ・メンデスに関する邦訳書としては、彼自らによる自伝『アマゾンの戦争　熱帯雨林を守る森の民』(一九九一年、現代企画室、トニー・グロス編、神崎牧子訳）のほかに、アンドリュー・レヴキン『熱帯雨林の死　シコ・メンデスとアマゾンの闘い』(一九九二年、早川書房、矢沢聖子訳）がある。

第二章　エコ社会主義と民主的な計画作成

利益よりも人間の生存を重視するように、資本主義を改革できないのなら、何らかの全国的・世界的計画経済へと移行する以外に、どんなオルタナティブがありうるだろうか？気候変動のような問題は、直接的な計画作成という「見える手」を要求する。・・・・資本主義企業のリーダーたちは、自らを助けることができないし、経済と環境について、間違った、非合理的な、そして結局は（彼らが支配する技術を考えれば）地球を自殺に導く決定を組織的におこなうことしか選択できない。だからこそ、本当のエコ社会主義的オルタナティブ以外に、何か他の選択がありうるだろうか？

——リチャード・スミス（原注一）

エコ社会主義は、マルクスが資本主義の「破壊的進歩（原注二）」と呼んだものに対して、根本的な文明のオルタナティブを提供する試みである。それは、社会的ニーズや生態系の均衡といった、貨幣によらない経済外的な基準にもとづく経済政策を提起する。エコロジー運動やマルクス主義者の政治経済学批判の基本的議論に基礎を置きながら、この両者を弁証法的に統合すること―アンドレ・ゴルツ（の初期著作）からエルマー・アルトファーター、ジェイムズ・オコンナー、ジョエル・コヴェル、ジョン・ベラミー・フォスターに至る幅広い領域の著述家たちによって企てられてきた―は、同時に、資本主義システムに対して異議申立しない「市場的エコロジー」に対する批判であり、自然の限界という問題を無視する「生産力主義的社会主義」に対する批判でもある。

オコンナーによれば、エコロジー社会主義の目標は、エコロジー的合理性、民主的コントロール、社会的平等、交換価値に対する使用価値の優位にもとづく新たな社会である。(原注三) 私はさらにこれらの目標が次のことを必要としていると付け加えよう。（a）生産手段の集団的所有（「集団的」とはここでは、公共的・協同的・共同的所有を意味する）（b）民主的な計画作成：これによって社会は投資と生産の目標を明確にすることができる（c）生産力の新たな技術的体系。言い換えれば、社会・経済の革命的な転換である。(原注四)

エコ社会主義者にとって、大部分の緑の党によって代表される政治的エコロジーの主要潮流の問題点は、無制限の資本増殖・利益蓄積という資本主義の力学と環境保護との間の本源的な矛盾を考慮していないように思えることである。このことは、生産力主義に対する批判へとつながっていて、その批判は多くの場合妥当なものであるが、エコロジー的に改革された「市場経済」という範囲内にとどまってしまっている。その結果、緑の党の多くは、中道左派による社会自由主義政府のエコロジー的アリバイになってしまった。(原注五)

他方、二〇世紀における左翼の支配的潮流である社会民主主義とソビエト主導の共産主義運動の問題点は、現実に存在している生産様式を受け入れてしまっていることにある。社会民主主義が、自らを資本主義システムの改良（せいぜいのところケインズ流の改革）に自らを限定している一方で、ソビエト主導の共産主義運動は、生産力主義の独裁的・集産主義的

―あるいは国家資本主義的―形態を発展させた。この両方の場合とも、環境問題は無視されるか、少なくとも放ったらかしにされたままだった。

マルクスとエンゲルスはどうだったかというと、資本主義生産様式が環境破壊という結果をもたらすことをはっきりと認識していた。『資本論』やその他の著作には、これを理解していたことを証拠づける記述がいくつか存在する。(原注六)さらに、二人は、社会主義の目的はさらの多くの財を生産することではなく、人間に自らの潜在能力を十分に発展させるための自由な時間を与えることだと信じていた。この点では、二人は「生産力主義」、つまり生産を無制限に拡大すること自体が目的であるという考え方とは、ほとんど共通点を持っていなかった。

しかし、二人は著作の中で、社会主義は、資本主義システムによって強制された限界を超えて、生産力を発展させることができるという意味の文章を書いている。この記述が意味していることは、社会主義への転換が資本主義生産関係だけを問題にしているということであり、この資本主義生産関係は、現存する生産力の自由な発展にとっての障害（しばしば「桎梏《しっこく》」という用語が用いられる）になっているということである。そうであれば、社会主義とは結局のところ、これらの生産能力を社会的に掌握し、それをそのまま労働者のために行使することを意味するだろう。多くの世代のマルクス主義者にとっての正典である『反デューリング論』から引用すると、社会主義のもとでは「社会は公然と、あからさまに」、

現存システムにとって「巨大になり過ぎた生産力を掌握する」のだ。（原注七）

ソビエト連邦の経験は、資本主義生産装置を集産主義的に所有することによって生じる問題を明らかにしている。最初から、現存する生産力を社会化するという主張が支配的だった。十月革命後の最初の数年間には、エコロジー的傾向の発展が可能だったし、ソビエト当局も限定されていたとはいえ環境保護施策をおこなったというのは事実である。しかし、スターリニストによる官僚主義化にともない、工業・農業の両方で、生産力主義方式が全体主義的方法によって強制された。その一方で、エコロジストは追放されたり、抹殺されたりした。チェルノブイリの惨事は、この西側生産技術を模倣したことによる悲惨な結果の究極の例だった。民主的管理や生産システムの再組織をともなわない所有形態の変革は、行き詰まりを招くだけなのだ。

「進歩」という生産力主義的イデオロギーに対する批判、そして自然に対する「社会主義」的搾取という考え方に対する批判は、すでに一九三〇年代において、たとえばヴァルター・ベンヤミンのような反対派マルクス主義者の著作の中に現れていた。しかし、エコ社会主義が、二〇世紀の主流派左翼で支配的だった「生産力は中立的だ」という主張に対する異議申立として発展したのは、主として最近数十年のことである。

エコ社会主義者は、「労働者はできあいの資本主義的国家機構を掌握して、自分自身のために行使することはできない」という、パリ・コミューンに関するマルクスの言及から発想を得るべきである。労働者は「資本主義的国家機構を破壊」しなければならないし、それを根本的に異なった、民主的で、国家統制的でない政治権力形態で置き換えなければならない。同じことが、必要な変更を加えた上で、生産機構にも適用される。生産機構は「中立的」ではなく、その構造の中に、資本蓄積と無制限の市場拡張に奉仕する発展の痕跡を含んでいるからである。このことは、環境保護の必要性や人々の保健衛生との矛盾を引き起こしている。それゆえに根本的転換のプロセスの中で、資本主義的生産機構を「革命」しなければならない。

もちろん現代において科学的・技術的に達成されたものの多くは価値あるものだが、生産システム全体は転換されなければならないし、その転換はエコ社会主義的方法によってのみ、すなわち生態系の均衡保護を考慮した民主的経済計画を通じてのみおこなえるのである。このことは、原子力発電、特定の方式による大規模で工業的な漁業（海洋のいくつかの種を絶滅寸前に追い込んでいる）、熱帯雨林の破壊的な伐採などのような特定の生産部門を継続しないことを意味する。このリストはとても長い。

しかしながら、まず何よりも、エネルギー・システムの革命が求められている。つまり環境の汚染や有毒化に責任がある現在のエネルギー源（主として化石燃料）を再生可能エネルギー（水・風・太陽光）に置き換えるのである。エネルギー問題は決定的である。というのは、化石エネルギー（石炭・石油）は、破滅的な気候変動だけでなく、地球の汚染の多くに責任があるからである。核エネルギーは「新たなチェルノブイリ」の危険性があるというからだけでなく、何百年、何千年、ある場合には何百万年も毒性が続く大量の放射性廃棄物や汚染して無用の長物となった発電所の巨大な廃虚をどう処理すればいいか誰にもわからないがゆえに、誤った選択肢である。太陽エネルギーは、資本主義社会では（「もうから」ないし、「競争力」もないということで）あまり関心を呼び起こしてこなかったが、集中的な研究・発展の対象にならなければならないし、オルタナティブなエネルギー・システムの建設に鍵となる役割を果たさなければならない。

これらすべては、十分で公正な雇用という必要条件の下で達成されなければならない。この条件は、社会的公正の要求を満たすためだけでなく、生産力を構造的に転換するプロセスへの労働者階級の支持を確実にするためにも必須である。このプロセスは、生産手段や計画に対する大衆的なコントロール、すなわち、投資や技術的変化を大衆的に決定すること抜きには不可能だ。つまり、社会共通の価値に奉仕するために、決定権を銀行や資本主義企業から奪いとらなければならないのである。

しかし、こうした決定権を労働者の手に取り戻すことだけでは十分ではない。『資本論』第三巻で、マルクスは社会主義を「協同した生産者が合理的に自然との交換を組織する」社会と規定した。しかし、『資本論』第一巻には、より一般的なアプローチがある。つまり、社会主義は「共同的生産手段を使って労働する、自由な人々の連合体」として理解されている。(原注八)これがより妥当な概念である。つまり、生産・消費の合理的組織化は、「生産者」の課題であるだけでなく、消費者の課題でもあり、実際には生産者および学生・若者・主婦（主夫）・年金生活者などの「非生産」者を含む社会全体の課題でなければならない。

この意味で全体としての社会は、どの生産ラインを優先すべきなのか、どれだけの資源を教育・保健衛生・文化に投資すべきかを民主的に決めることができるだろう。（原注九）財の価格それ自身は需要供給の法則に任されるのではなく、可能な限り社会的・政治的・エコロジー的基準にしたがって決定されるだろう。当初は、特定の生産物への課税や他の生産物の補助金で支えられた価格だけしか含まれないかもしれないが、最終的には社会主義への移行が進むにつれて、ますます多くの生産物やサービスが市民の意思にしたがって無料で分配されるだろう。

民主的な計画作成は、それ自体ではまったく「専制的」ではなく、社会全体が決定の自由を行使することである。これは、資本主義や官僚主義組織の、疎外され、物象化された「経済法則」や「鉄の檻」から解放されるために必要とされることである。労働時間短縮と結びついた計画の民主的な作成は、マルクスが「自由の王国」と呼んだものに向かう決定的な一歩になるだろう。労働者が民主的討論と経済・社会の管理に参加するためには、自由時間が大きく増えることが必要だからである。

自由市場の信奉者は、組織化された経済という考え方をすぐに拒絶する理由として、ソビエト連邦の計画作成が失敗したことをあげる。ソビエト連邦の経験について、それが成し遂げたことや悲惨な失敗に終わったことを議論するまでもなく、ブダペスト学派〈1〉のマークシュ・ジェルジ〈2〉と彼の友人たちの表現を用いると、それは明らかに「欲求に対する独裁」の一形態であった。すなわち、テクノ官僚の小さな独裁グループにすべての決定に対する独占権を与えるという、非民主的で、専制的なシステムであった。独裁へと導いたのは計画それ自身ではなく、ソビエト国家における民主主義の制限強化であり、レーニンの死後における全体主義的官僚権力の確立であった。それがますます反民主的で、専制的な計画作成システムへと導いたのだ。もし、社会主義を労働者や一般大衆が生産プロセスをコントロールすることだと規定すれば、スターリンや彼の後継者たちのもとでのソビエト連邦はそれとは相反するものだった。

ソビエト連邦の失敗は、官僚的計画の限界と矛盾を明らかにした。官僚的計画が非効率的で専制的になることは避けられない。だから、そのことを民主的計画作成に反対する論拠として使うことはできないのだ。(原注一〇) 計画作成に関する社会主義者のコンセプトは、経済の根本的民主化以外の何ものでもない。もし、政治的決定が少数の支配エリートに任せられるのなら、どうして同じ原理が経済的決定に適用されてはいけないのか、ということになるからである。

計画作成と市場メカニズムとの間で一定のバランスをとるという問題は、確かに難しい問題ではある。新たな社会の第一段階では、市場は確実に重要な位置を持ち続ける。しかし、社会主義への移行が進むにつれて、交換価値法則に対抗するものとして、計画がますます優位

になるだろう。(原注一一)

エンゲルスは、社会主義社会は「生産手段―これにはとくに労働力も入る―に応じて、その生産計画を立てなければならないであろう。結局は、種々の使用対象の効用が、―それらを互いに比較秤量し、またそれらの生産に必要な労働量とも比較秤量したうえで―生産計画を決定するであろう」と主張した。(原注一二)資本主義においては、使用価値は、交換価値と利益に奉仕する手段―ときには策略―でしかない。だからこそ、今日の社会においては、非常に多くの製品がほとんど役に立たないのである。社会主義計画経済においては、使用価値が財やサービスの生産にとって唯一の基準となる。そうなることは、経済・社会・エコロジーの広範囲にわたって影響をもたらすだろう。ジョエル・コヴェルが述べたように、「使用価値を重視し、それに対応してニーズを再構築することの方が、資本のもとで時間を剰余価値や貨幣へと転換することよりも、技術を社会的に規制することができる」のである。(原注一三)

ここで考察されているようなタイプの民主的計画作成システムにおいては、計画を立てるのは主要な経済的選択肢についてであって、地方のレストラン、食料雑貨店やパン屋、小店舗、職人、サービス業の経営についてではない。同様に、計画の作成は、労働者による自らの生産単位の自主管理と対立しないことを強調しておくのは重要である。計画作成システムを通じて、自動車工場をバスや路面電車を製造する工場へと転換するという決定が社会全体によっておこなわれたとしても、その工場の内部組織や操業は、その工場の労働者自らによって民主的に運営されるべきである。計画作成の「中央集権的」性格、あるいは「非中央集権的」性格について多くの議論がなされてきたが、本当の問題は、あらゆるレベル、つまり地区・地域・国内・大陸レベルでの、そしてうまくいけば国際的レベルでの、計画の民主的コントロールであると間違いなく言えるだろう。というのは、地球温暖化のようなエコロジー問題は地球規模で起こっており、世界的な規模でのみ処理できるからである。この提案を世界的な民主的計画と呼ぶこともできよう。このレベルにおいてさえ、それは「中央集権的計画」と通常は呼ばれているものの対極にあるだろう。なぜなら、経済的・社会的決定は、いかなる「中央」によっても決められるものではなく、関係する人々によって民主的に決められるからである。

もちろん、自主管理機関や民主的な地方政府とより広範な社会的グループとの間で緊張や矛盾が生じるのは避けられないだろう。交渉メカニズムがそのような多くの対立を解決することを助けるだろう。しかし最終的には、もし過半数を占めているならば、関係者の中のもっとも広範なグループがその見解を採用させる権利を持つ。例を挙げてみよう。ある自主管理されている工場が、毒性のある廃棄物を川の中に排出するという決定をする。地域全体の人々が汚染の危険に直面する。それゆえ、民主的討論の後で、この工場での生産は、その廃棄物を管理するための満足すべき解決策が見つかるまでは停止されなければならないという決定をすることができる。うまくいけば、エコ社会主義社会においては、工場労働者自らが、環境や地域住民の健康に危険を与えるような決定をおこなわないようなエコロジー意識を持つだろう。しかし、上の例が示すように、もっとも広範な社会的利害が決定的な発言権を持つことを保障する手段を制度化することは、工場・学校・地域・病院・町のレベルで内部的な管理権限を与えるべきでないということを意味するものではない。

社会主義の計画作成は、決定が作成されるあらゆるレベルでの、民主的で複数主義的な討論にもとづかなければならない。人々が政党や政綱、そのほかの政治運動の形態で組織されているとき、計画作成団体の構成員は選挙で選ばれなければならないし、多様な提案がその提案に関係するすべての人々に提出されなければならない。つまり、代表民主制は、直接民主制によって補完され、修正されなければならない。直接民主制のもとでは、人々は地方的・国内的レベルで、さらに国際的レベルで、主要な選択肢の中から直接選ぶのである。公共交通は無料であるべきか？　自家用車の所有者は公共交通に補助金を出すために特別税を払うべきか？　化石燃料と競争するために、太陽光エネルギーに補助金を支出すべきか？　たとえ生産の縮小をもたらすとしても、週当たり労働時間を三〇時間あるいは二〇時間、さらに少ない時間へと減らすべきか？

計画作成の民主的性格は、専門家の存在と両立しうる。専門家の役割は、決定することではない。決定の民主的プロセスにおいて、反対とまではいかなくてもしばしば異なった見解を示すことが専門家の役割である。エルネスト・マンデル〈3〉が指摘したように、「政府、政党、計画作成機関、科学者、テクノクラートだけでなく、誰でも提案を作成し、提案を提出し、人々に働きかけることができる。……しかし、複数政党制のもとでは、そのような提案は満場一致とはならない。つまり、人々は筋の通った選択肢の中から選び取ることになるだろう。そして、決定する権利と力は、ほかの誰でもなく、生産者・消費者・市民の多数派の手に握られるべきである。そのことについて、家父長主義的であるとか、専制主義的であるとかとは、とても言えないだろう」（原注一四）。

ある消費習慣を放棄する代償を払ってでも、人々が正しいエコロジー的選択をするという保証はあるだろうか？　いったん商品に対する物神崇拝〈4〉の力が壊れてしまえば、民主的決定をおこなうという合理性が拡がると期待するのは正当なことであり、そこにしか保証はない。大衆的な選択が誤りを犯すことももちろんあるだろうが、専門家なら誤りを犯さないとは誰も信じてはいない。民衆の多数派が、自分たちの闘いを通じて自己教育をおこない、社会的経験を積み、高度な社会主義的・エコロジー的意識を作りあげることによってしか、そのような新しい社会は創造できないだろう。そしてこのことによって、環境的ニーズと一致しない決定を含む深刻な誤りは修正されるだろうと仮定するのは合理的なことである（原注一五）。いずれにせよ、無計画な市場か、あるいは「専門家」によるエコロジー独裁か、そのどちらかを選択することは、たとえ限界があるとしても民主的プロセスよりもずっと危険なことではないだろうか？

計画作成には、決定を実行に移すことに責任を負う執行機関や技術部門の存在は確かに必要である。しかし、それらが永続的な下からの民主的コントロールのもとにあり、民主的統治のプロセスの中に労働者による自主管理が含まれていれば、執行機関や技術部門が必ずしも権威主義的になるわけではない。もちろん、民衆の多数が自らの自由時間のすべてを自主管理や参加型会議に費やすことを期待はできないだろう。エルネスト・マンデルが指摘したように、「自主管理とは代表制がなくなることではない。それは、市民による意思決定と、有権者それぞれが選んだ代表によるさらに厳しいコントロールとを結合させる」(原注一六)。

マイケル・アルバート〈5〉の「参加型経済」は、グローバル・ジャスティス運動において、討論の対象になってきた。彼のアプローチには、全体としていくつかの深刻な弱点がある。たとえば、エコロジーを無視しているように思えること、そして官僚主義的・中央集権的なソビエト・モデルの中で理解されていたような「社会主義」に対して、参加型経済を対置していることなどである。それにもかかわらず、参加型経済は、ここで提案されているエコ社会主義的計画と共通の性格、すなわち市場経済や官僚的計画への反対、労働者の自己組織化への信頼、反権威主義という性格を有している。アルバートの参加型計画作成モデルは、次のような複雑な制度構築にもとづいている。

参加型計画の当事者は、労働者評議会・協会や消費者評議会・協会、そしてさまざまな反復処理推進委員会（ＩＦＢ）である。概念としては、計画作成手続はかなり簡潔なものである。ＩＦＢは、すべての財・資源・労働部門・資本について、われわれが「気配値」〔買い方および売り方が買いたい、売りたいと希望する値段〕と呼ぶものを告知する。消費者評議会・協会は、財・サービスを供給する社会的コストの推定値として最終的な財・サービスの気配値を受け取り、消費提案で答える。労働者評議会・協会は、彼らが利用できる生産物と生産のために必要な材料をリストアップし、さらに生産物の社会的利益と材料の真の機会原価の推定値として気配値を受け取り、生産提案で答える。それからＩＦＢは、それぞれの財について過剰な需要・供給を計算し、需要過剰・供給過剰の観点から、そして社会的に合意されたアルゴリズムを踏まえて、その財の気配値を上方あるいは下方修正する。新たな気配値を用いて、労働者評議会・協会と消費者評議会・協会は、提案を改訂・再提出する。……資本主義者やコーディネーターによる労働者支配に代わって、参加型経済は、公平・連帯・多様性・自主管理を発展させるやり方で、労働者と消費者が一緒に、集団的に、経済的選択肢とそれから得られる利益を決定する経済である。(原注一七)

この概念（ついでながら、それは「かなり簡潔」ではなく、ひどく複雑で、ときには相当あいまいなのだが）にともなう主要な問題点は、価格、労働量投入と生産、供給と需要といった問題についての生産者・消費者間のある種の交渉へと「計画作成」を切り縮めているように思えることだ。たとえば、自動車産業の部門別労働者評議会は、価格を議論し、供給と需要とを合致させるために、消費者の評議会と会合を持つだろう。これが無視しているものが、まさにエコ社会主義計画作成における重要な問題、すなわち自家用車の地位を根本的に縮小するという交通システムの再組織化なのである。エコ社会主義は、たとえば原発のような産業分野をなくし、小規模な、あるいはほとんど存在していないかのような部門（たとえば太陽光エネルギー）に対して多額の投資をおこなうことを必要とする。したがって、これを既存の生産単位と消費者評議会との間での、「労働力投入」や「気配値」に関しての「集団的交渉」によって処理できるだろうか？　アルバートのモデルは、既存の技術・生産組織を反映しており、あまりに「経済主義的」なので、人々の世界的・社会政治的・社会エコロジー的利益―生産者や消費者としての経済的利益へと還元することができない市民や人間としての個人の利益―を考慮できないのである。彼は、制度としての国家（きちんとした選択肢の一つ）だけでなく、地域・国内・世界における多様な経済・社会・政治・エコロジー・文化・文明的選択肢の衝突としての政治も無視する。

このことは非常に重要である。なぜならば、資本主義の「破壊的進歩」から社会主義への移行は歴史的プロセスであり、社会・文化・精神の永続的な革命的転換だからである。そして、まさに定義された意味での政治が、このプロセスで中心にならざるをえないからである。重要なことは、そのようなプロセスは社会・政治構造の革命的転換、および人々の大多数によるエコ社会主義プログラムへの行動的支持なしには始めることができないということを強調することである。社会主義的意識とエコロジー的自覚の発展は一つのプロセスであり、その中における決定的要因は人々自身の闘いの集団的経験である。そうした発展は、地域的・部分的対立から社会の根本的変化へ進んでいく。

エコロジストの中には、生産力主義に対する唯一のオルタナティブは、成長を完全に止めるか、あるいはマイナス成長―フランス語で「脱成長」（デクロワッサンス）―で置き換えることであり、独立した家族住宅、セントラル・ヒーティング、洗濯機などをなくすことにより、エネルギー消費を半分に減らすことで、人々の過度に高水準な消費を劇的に減らすことであると信じる人々がいる。これらの厳格な緊縮策や似たような緊縮策はまったく人気がないという恐れがあるので、「脱成長」の提唱者の中には、ある種の「エコロジー独裁」という考え方をもてあそぶ人もいる。(原注一八)楽観主義的な社会主義者は、そのような悲観的な見方に反対して、技術的進歩と再生可能エネルギーの活用によって、無制限の成長と富が可能になり、誰もが「必要に応じて」受け取ることができると信じている。

これら二つの学派は両方とも、肯定的か、否定的かの違いはあっても、「成長」や生産力の発展についての単純な量的概念を共有しているように私には思える。しかし、私にはより妥当に思える三つ目の立場がある。それは発展を質的に転換させるという立場である。このことは、不用で有害な製品の大規模生産にもとづく資本主義の恐るべき資源浪費に終止符を打つことを意味する。軍需産業はよい例である。しかし、資本主義のもとで生産される「商品」の多く―すぐに旧式になるように作られている―は、大企業の利益を生み出す以外には役に立たないものだ。問題は、抽象的な「過剰な消費」ではなく、広く行き渡った消費様式なのである。それは、実のところ、派手な消費、大量の廃棄物、商業による疎外、強迫観念にとらわれた商品の蓄積、「流行」によって押しつけられる見せかけだけ新しい商品の購入に基礎を置くものである。新しい社会は、本物のニーズを充足させる方向へと生産をふり向けていくだろう。それは、「聖書に書かれている」と言われるもの（水・食料・衣類・住宅）から始まり、保健衛生・教育・交通・文化といった基本的サービスもまた含まれている。

明らかに、グローバル・サウス諸国では、これらのニーズは充足されているとはとても言えないため、先進工業国より高いレベルの「発展」―鉄道・病院・下水システムおよびその他のインフラ建設―が必要だろう。しかし、このことが環境に優しく、再生可能なエネルギーにもとづく生産システムによって実行できないという理由はない。「南」の諸国は、飢えている人々に栄養を与えるために、大量の食料を生産する必要がある。しかし、除草剤・化学肥料・遺伝子組み換え作物を集中的に使用した、破壊的で反社会的な工業化されたアグリビジネスのやり方ではなく、家族、共同農場、集団農場にもとづく小農民有機農業の方が、このことをはるかにうまく達成するだろう。それは全世界でビア・カンペシーナに組織されている農民運動が何十年も主張してきたことである。現在の恐るべき債務システムや工業資本主義諸国による南の資源の帝国主義的搾取に代わって、北から南への技術的・経済的支援の流入が起こるだろう。その場合、―厳格で禁欲的なエコロジストはそうなると信じているようだが―ヨーロッパ・北アメリカの人々が絶対的な意味で生活水準を落とす必要はない。その代わりに、資本主義システムが引き起こしている、役に立たない商品をとりつかれたように消費することがなくなるだけだろう。そうした商品は、いかなる実際の必要にも対応していないからである。その一方で、消費は少なくなるが実際にはより豊かである生活様式を含めるように、生活水準の意味が再定義されるだろう。

本当の欲求と人工的で、間違った、間に合わせの欲求とをどのようにして区別するのか？心理的操作によって欲求を作り出す広告産業は、現代資本主義社会において生活のあらゆる領域に入り込んでいる。食品や衣類だけではなく、スポーツ・文化・宗教・政治も広告産業のルールにしたがって形成されている。広告産業は、永続的で攻撃的かつ狡猾なやり方で、われわれの街角、郵便受け、テレビ画面、新聞、風景に入り込んできている。そして、派手で強迫観念に駆られた消費習慣をつくるのに決定的に貢献している。さらに、広告産業は、人間という観点からは役に立たず、本当の社会的ニーズと真っ向から対立する「生産」分野において、膨大な石油・電気・労働時間・紙・化学製品・その他の新たな物質を浪費させている。これらすべてに消費者が対価を払っているのである。広告は、資本主義市場経済の欠くことのできない側面だが、社会主義への移行過程にある社会では居場所を持たないだろう。その社会では、広告は消費者協会によって提供される商品・サービス情報に置き換えられるだろう。本当に必要なものと人工的な必要物とを区別する基準は、広告を抑制した後に残ったものになるだろう。もちろん、しばらくの間は古い消費習慣が残るだろう。自分たちのニーズとは何かを人々に言う権利は誰にもないからである。消費パターンを変えることは、教育的チャレンジであるだけでなく、歴史的プロセスでもある。

商品の中には、自家用車のように、もっと複雑な問題を生じるものもある。自家用車は世間の厄介物で、世界規模で何十万もの人々を殺し、障害を負わせている。そして、大都市において大気を汚染し、そのことで子どもたちや高齢者の健康に対して悲惨な結果をもたらし、気候変動にも大きく関与している。しかし、資本主義の現在の状況の下では、自家用車は現にあるニーズを満たすものである。エコロジー問題に関心のある地方政府がヨーロッパのいくつかの町でおこなったローカルな実験によれば、バスや路面電車を支援して、個人所有車の役割を次第に制限することは可能であり、しかも住民の多数によって支持されているとのことである。エコ社会主義社会では、高架や地下の公共交通が大きく拡張され、無料になるとともに、歩行者には保護レーンが用意されるだろう。自家用車は、ブルジョア社会では、執拗で攻撃的な広告によって売り込まれる崇拝の対象、名声のシンボル、身分証明（アメリカ合衆国では運転免許は公認ＩＤになっている）、個人的・社会的・性的な生活の中心になってきたが、エコ社会主義への移行プロセスにおいては、ずっと小さな役割しか果たさなくなるだろう。(原注一九)新たな社会への移行過程では、鉄道輸送やピギーバック輸送（ある町から別の町まで鉄道で輸送されるトラック）に置き換えることで、トラックによる商品輸送―恐るべき事故や高レベルの汚染に責任がある―の徹底的な削減がより容易になるだろう。資本主義の「競争」という不条理な論理によってのみ、トラック輸送システムの危険な成長は説明できるからである。

悲観主義者は「そうであるとしても、各個人は果てしない刺激と欲望によって動かされる。そうした刺激や欲望は管理・チェック・抑制されなければならないし、必要ならば抑圧されなければならない。そして、このことによって、民主主義に対する制限が必要とされるかもしれない」と反論するだろう。しかし、エコ社会主義は、マルクスがすでに持っていた合理的な期待にもとづいている。つまり、階級のない社会、資本主義による疎外から解放された社会では、「個人の存在」が「所有すること」に対して優位にあるという期待にもとづいているのである。言い換えれば、製品を限りなく所有しようとする欲望よりはむしろ、文化・スポーツ・劇・科学・性・芸術・政治的行動による個人的成果のための自由時間が優位になるという期待である。

脅迫観念に駆られた物欲は、資本主義社会に固有の商品崇拝や支配的イデオロギー、そして広告によって引き起こされている。それが「永遠の人間の本質」の一部であるという証拠は何もない。エルネスト・マンデルが強調したように、「(減少しつつある『取るに足りない有用性』をもった) ますます多くの商品が継続的に蓄積されることは、万人に共通する、支配的でさえある人間行為の特徴では決してない。それ自身に価値を持つような才能や性向の発展、保健衛生や生活の保護、育児、豊かな社会関係の発展……いったん基本的な物質的必要が満足させられたならば、これらすべてのことが主要なモチベーションになる」のである。(原注二〇)

われわれが主張してきたように、このことは、特に移行プロセス期間中において対立が生じないということを意味しない。その対立とは、環境保護に必要とされる手段と社会的ニーズとの間の対立、とりわけ貧困国においてはエコロジー的義務と基本的インフラを発展させる必要性との間の対立、そして広く行き渡った消費者習慣と資源枯渇との間の対立である。階級のない社会は矛盾や対立のない社会ではない。矛盾や対立は避けることができない。資本や利益という衝動から解放されたエコ社会主義の展望において、複数主義的で開かれた討論を通じて社会自らが決定することでそうした矛盾や対立を解決することは民主的計画作成の任務になるだろう。そのような草の根の参加型民主主義が、誤りを避けるのではなく、社会的共同性によって自らの間違いを修正することを可能にする唯一の道である。

これはユートピアなのか？　ユートピアとはもともと「どこにも存在しないもの」という意味なのだが、その意味においては確かにそうだろう。しかし、ユートピア（オルタナティブな未来のビジョン）、つまり異なる社会を願望するイメージは、確立された秩序に挑もうとするいかなる運動にも必要な特徴ではないのか？　ダニエル・シンガー〈6〉は、彼の文学的・政治的遺書である『*Whose Millennium? Theirs or Ours?*』（一九九九年）のパワフルな一章「現実的なユートピア」で次のように説明した。

もし、その状況にもかかわらず支配者層が非常に堅固に見えるならば、そして労働運動やより広範な左翼が活動不全で無力ならば、それは根本的なオルタナティブを提供することに失敗したからだ。……そのゲームの基本的本質は、議論の原理や社会の基礎のどちらについても疑問に思わないことだ。世界的なオルタナティブだけが、あきらめと降伏の支配を突き崩して、解放運動に真の見通しを与えることができる。（原注二一）

エコロジー社会主義というユートピアは、資本主義の矛盾の不可避な結果、つまり「歴史の鉄の法則」ではなく、客観的な可能性でしかない。条件を付けなければ、将来を予測することはできない。つまり、予測可能なことは、文明のパラダイムにおける根本的変化というエコ社会主義的転換がないのなら、資本主義の論理が劇的なエコロジー災厄へと導くだろうということであり、それは何百万という人間の健康と生活を、そして恐らくはわれわれの種の生き残りすら脅かすだろうということである。

グリーン社会主義、あるいは（別の言い方をすれば）ソーラー共産主義を夢見て、そのために闘うことは、具体的で緊急の改革のために闘わないということではない。「クリーンな資本主義」についてのいかなる幻想をも持つことなしに、手遅れになる前に権力者に基礎的な変化を強制しようとしなければならない。たとえば、オゾン層を破壊しているＨＣＦＣ（ハイドロクロロフルオロカーボン）の禁止、遺伝子組み換え作物の全般的停止、温室効果ガス排出の大幅な削減、工業的漁業への厳しい規制、工業的農業生産における除草剤や化学製品使用の厳格な規制、汚染源となっている車への課税、もっと大規模な公共交通の発展、トラックの列車への暫次的な切り替えなどである。こうした問題やこれと同様の問題は、グローバル・ジャスティス運動と世界社会フォーラムの核心的アジェンダである。これは、一九九九年のシアトル以降、システムに対する共通の闘いにおいて、社会運動とエコロジー運動がひとつになることを可能にした重要で新たな政治的発展である。

そのようなエコ社会的な緊急の要求は、「競争力」が必要とするものと両立するように適用されることがなければ、急進化のプロセスを導くことができる。マルクス主義者が「過渡的綱領」と呼ぶものの論理にしたがって、小さな勝利や部分的前進はそれぞれ、ただちにより高い要求やより根本的な目標へと導く。具体的問題をめぐるそのような闘いが重要なのは、部分的勝利それ自身が歓迎されるべきであるからだけでなく、エコロジー意識や社会主義的意識を高め、下からの行動や自己組織化を促進することに貢献するからでもある。その両方が必要であり、世界の根本的転換、すなわち革命的転換のための決定的な前提条件なのである。

いくつかのヨーロッパ都市におけるノーカー地区、ブラジル農民運動（ＭＳＴ）によってとりくまれている有機農業協同組合、ポルトアレグレにおける参加型予算、そして数年間だけだったがブラジルのリオグランデ・ド・スル州（労働党知事オリビア・ドゥトラによる）における参加型予算のような地域的実験は、限定的ではあるが興味深い社会的・エコロジー的変化の例である。ポルトアレグレは、地域評議会による予算の優先順位決定を認めたことにより、二〇〇二年に左翼が選挙で敗北するまでは、その限界にもかかわらず「下からの計画作成」の恐らくもっとも魅力的な例になった。(原注二二)

しかし、たとえ各国政府がいくつかの進歩的政策を採用したとしても、全体としてはヨーロッパやラテンアメリカにおける中道・左派連合や赤緑連合の経験は、むしろがっかりさせるものだったし、内部に資本主義グローバリゼーションへの適応という社会自由主義的政策の限界をはらんでいたことを認めなければならない。根本的に社会主義的でエコロジー的な綱領をかかげる勢力が、グラムシ的な意味でのヘゲモニーをとらなければ、根本的転換はないだろう。ある意味では、われわれが変化を求めて活動するとき、時間はわれわれの側にある。というのは、地球的な環境状況はますます悪化しているし、脅威はますます迫ってきているからである。しかし他方では、時間はなくなりつつある。なぜなら、何年かのうちに――誰も何年かということは言えないが—ダメージは後戻りできないほどになるかもしれないからである。楽観主義でいられる理由はない。そのシステムの強固な支配エリートたちは信じられないほど強力で、急進的反対勢力はまだ小さい。しかし、その急進的反対勢力が資本主義の「破壊的進歩」を止める唯一の希望なのである。ベンヤミンは、革命を、歴史の機関車ではなく、人間が危機に陥る前に列車の緊急ブレーキに手が届くことだと定義したのだった。(原注二三)

(原注一)"The Engine of Eco Collapse", *Capitalism Nature Socialism* 16(4) (2005): p.35
[訳者] リチャード・スミスは、アメリカの経済史研究者で、中国における資本主義、環境問題などで多くの論文を書いている。
(原注二)『資本論』第一巻。資本の破壊的論理についての注目すべき分析は、ジョエル・コヴェル、The Enemy of Nature: *The End of Capitalism or the End of the World?* (New York: Zed Books, 2002) を参照のこと。
(原注三) *Natural Causes: Essays in Ecological Marxism* (New York: Guilford Press, 1998) p.278.331.
(原注四) ジョン・ベラミー・フォスターは、「エコロジー革命」という概念を用いているが、彼は「その名前に値する世界的なエコロジー革命は、より大きな社会的革命—私はそれを社会主義革命だと主張するが―の一部としてのみ起こりうる。そのような革命は…マルクスが主張したように、協同した生産者（associated producers）が、合理的に人間と自然との物質代謝を管理することを必要とするだろう。それは、カール・マルクスの後継者の中でもっとも独創的で、エコロジー的であったウイリアム・モリス、ガンジー、そして他の急進的・革命的唯物論者から発想を得なければならない。その中にはマルクス自身も含まれるし、エピキュロスにまでさかのぼることができる」と述べている。

〝Organizing Ecological Revolution〟, *Monthly Review*, 57(5) (2005): p.9-10

（原注五）「現に存在するエコロジー政治」―グリーン経済、ディープ・エコロジー、バイオ地方分権主義など―に対する批評については、ジョエル・コヴェル、*The Enemy of Nature* , 2 ed. (London: Zed Books, 2007), chapter 7を参照のこと。

（原注六）ジョン・ベラミー・フォスター『マルクスのエコロジー』（二〇〇四年、こぶし書房、渡辺景子訳）を参照のこと。

（原注七）『オイゲン・デューリング氏の科学の変革（反デューリング論）』一九六八年、大月書店版「マルクス＝エンゲルス全集」第二〇巻、大内兵衛・細川嘉六監訳、二八八ページ。

[訳者]

なお、この部分を上記全集から引用すると、以下のようである。

　この解決は、近代の生産力の社会的本性を実際に承認すること、したがって生産、取得、交換の様式を生産手段の社会的性格と一致させることのほかにはありえない。そして、そうするためには、社会以外のなにものの指揮の手にも負えないほどに成長した生産力を、社会が公然と、あからさまに掌握するよりほかには道はない。

（原注八）『資本論』第三巻および第一巻。現代のマルクス主義者の中にも同様の問題がある。たとえば、エルネスト・マンデルは「現実の労働者の大多数によって形成された全国労働者評議会のもとでの民主集権的計画」について論じた（エルネスト・マンデル、〝Economics of the Transition Period〟, in *50 years of World Revolution*, edited by Ernest Mandel: New York, Pathfinder Press, 1971）。晩年の著作では、「生産者／消費者」を好んで用いた。私がしばしばエルネスト・マンデルの著作から引用するのは、彼が民主的計画についてのもっとも理路整然とした社会主義理論家であるからだが、彼が一九八〇年代後半まではエコロジー問題を自らの経済理論の中心的側面として含めてはいなかったことも言っておくべきだろう。

（原注九）エルネスト・マンデルは、計画作成について以下のように定義した。「計画によって統治される経済とは、社会の比較的希少な資源は価値法則の働きによって非理性的に（「生産者―消費者の背後に隠れて」）配分されるのではなく、あらかじめ決められた優先順位にしたがって意識的に割当てられることを意味する。社会主義的民主主義が行き渡っている過渡期経済においては、勤労人民の大半によって優先順位が民主的に決定される。」（〝Economics of the Transition Period〟, p.282）

（原注一〇）「大半の労働者の見方からすると、官僚的専制によって引き起こされる犠牲は、市場の非理性的メカニズムによって負わされる犠牲と同じくらい「受け入れ可能」なものではないのである。これらは、同じ疎外を異なる二つの形態で表現しているにすぎないからだ。」（"Economics of the Transition Period〃, p.285）

（原注一一）アルゼンチンのマルクス主義経済学者であるクラウディオ・カッツは、社会主義に関する注目すべき最近の本の中で、民主的計画は、民衆の大多数によって下から管理されており、「絶対的中央集権、全体的国家統制、戦時共産主義、指令経済と同じものではない。過渡期は市場に対する計画の優位を要求する。しかし、市場変数を抑圧することは求めない。計画と市場との結合が、それぞれの状況や経済に応じて適用されるべきである。しかし、社会主義的プロセスの目標は、計画と市場との間の均衡をそのままにしておくことではなく、市場の地位を次第に引き下げていくことである」と強調した。（*El porvenir del socialismo*, Buenos Aires: Herramiental/Imago Mundi, 2004, p.47-48）

（原注一二）『反デューリング論』大月書店版「マルクス＝エンゲルス全集」第二〇巻、三一八～三一九ページ。

（原注一三）Kovel, *The Enemy of Nature* , p.215

（原注一四）Ernest Mandel, *Power and Money* (London: Verso, 1991) p.209

（原注一五）マンデルは以下のように指摘した。「われわれは『多数派がいつも正しい』とは信じない。…誰もが間違いをおかす。このことは、市民の多数派、生産者の多数派、消費者の多数派のいずれにも確かに当てはまるだろう。しかし、こうした人々とその先輩たちとの間にはある基本的な違いがあるだろう。不平等な権力システムのもとでは、資源の配分について誤った決定を下す人々は、自分たちの失敗の結果に対価を支払うことがほとんどない…もし真の政治的民主主義や真の文化的選択・情報が存在していれば、多数派が間違った配分を速やかに修正せずに、森林が死に絶え…病院が人手不足になったりする方を好んで選択するとは信じ難いのである。」（エルネスト・マンデル、〝In Defense of Socialist Planning〟, *New Left Review* 1/59, 1986, p.30）

（原注一六）Mandel, *Power and Money* , p.204

（原注一七）Michael Albert, *Participatory Economics: Life After Capitalism* (London: Verso), p.154

（原注一八）「マイナス成長」に関するテクストをいくつか選ぶと、マジッド・ラフネマ、ヴィクトリア・バウトリー編、The Post-Development Reader (Atlantic Highlands, NJ: Zed Books, 1997)、マイケル・バーナードなど編、Objectif Décroissance: vers une société Harmonicuse (Lyon: Editions Parangon, 2004) が挙げられる。「脱成長」の主要なフランスの理論家は、La planéte des naufragés, essai sur l'aprés-dévéloppement (Paris: La Decouvette, 1991) の著者であるセルジュ・ラトゥーシュである。

（原注一九）エルネスト・マンデルは、たとえば自家用車のような消費者習慣が急に変わることには懐疑的だった。「もし、環境に関わる議論やほかの議論にもかかわらず、生産者と消費者が自家用車の優勢な地位を維持したいのならば、そして自分たちの町を汚染し続けたいのならば、それは彼らの権利であろう。長年にわたる消費者の嗜好変化は、一般的にはゆっくりしたものである―アメリカ合衆国の労働者が、社会主義革命の翌日には車に乗らなくなると信じる者はほとんどいないだろう」(〝In Defense of Socialist Planning〟p.30)。消費パターンの変化は強制できないと言ったのは正しかったが、彼はもう一方で、自動車による移動を制限する手段に対する市民多数派の賛同―すでにいくつかのヨーロッパの大都市において存在している―だけでなく、広い範囲をカバーする無料の公共交通システムが持っている影響をかなり過小評価している。

(原注二〇) Mandel, *Power and Money*, p.206

(原注二一) Daniel Singer, Whose Millennium? Theirs or Ours? (New York: Monthly Review Press, 1999) p.259-260

(原注二二) 以下を参照のこと。S.Baierle, 〝The Porto Alegre Thermidor,〟 in Socialist Regiser 2003, edited by Leo Panitch and Colin Leys (Pontypool, Wales: Merlin Press, 2003)

(原注二三) Walter Benjamin, *Gesammete Schriften*, vol. 1/3 (Frankfurt: Suhrkamp, 1980) p.1232

訳注

〈1〉ブダペスト学派とは、一九六〇年代のハンガリーにおいて、ルカーチ・ジェルジ（一八八五～一九七一）の弟子たちによって形成されたグループを指す。メンバーの多くはハンガリー当局の抑圧の結果、亡命生活を余儀なくされた。

〈2〉マールクシュ・ジェルジ（一九三四～二〇一六）は、ハンガリーの哲学者で「ブダペスト学派」メンバーの一人。一九七三年にハンガリー科学アカデミーから追放されたあと、一九七七年にオーストラリアに亡命した。共著『欲求に対する独裁 「現存社会主義」の原理的批判』（一九八四年、岩波書店、冨田武訳）において、ソビエト連邦―東欧圏の体制を「欲求に対する独裁」と規定した。著作の日本語訳としては他に『マルクス主義と人間学』（一九七六年、河出書房新社、高橋洋児ら訳）がある。

〈3〉エルネスト・マンデル（一九二三～九五）は、マルクス主義経済学者で、第四インターナショナルの指導者。その著作は数多く日本語訳されている。その主なものには、『現代マルクス経済学』全四巻（一九七二～七四年、東洋経済新報社、岡田純一など訳）、『現代マルクス主義入門 社会的不平等から階級なき社会へ』（一九七八年、柘植書房、山川はじめ訳）、『後期資本主義』全三巻（一九八〇年、柘植書房、飯田裕康など訳）、『トロツキーの思想』（一九八一年、柘植書房、塩川喜信訳）、『第二次世界大戦とは何だったのか』（二〇一四年、つげ書房新社、湯川順夫など訳）などがある。

〈4〉第四章の訳注〈1〉を参照すること。

〈5〉マイケル・アルバート（一九四七〜）は、アメリカの政治哲学者・社会運動家で、参加型経済の提唱者の一人。

〈6〉ダニエル・シンガー（一九二六〜二〇〇〇）は、アメリカ出身のジャーナリスト。著作の日本語訳としては、『ポーランド革命とソ連　グダニスクへの道』（一九八一年、ＴＢＳブリタニカ、加藤雅彦訳）、『西欧社会主義に明日はあるか　ミッテランの実験と挫折』（一九九〇年、騒人社、新島義昭訳）がある。

COP23 対抗アクションのデモ（2017 年 12 月　ドイツ・ボン）
ⓒ teramoto

第三章　エコロジーと広告

気候変動は、その核心的問題として地球規模の環境危機をもたらしてきている。第一に注目しなければならない点は、気候変動の進行が、以前に予測されていたよりも加速度的にスピードを増してきているということだ。二酸化炭素の蓄積、気温上昇、極地の氷冠や「万年雪」の溶解、干ばつ、洪水、これらすべてのスピードは速くなっている。従来の科学的分析は、そのインクが乾かないうちに、楽観的過ぎていたことがはっきりした。さらに、きたるべき一〇年間、二〇年間、あるいは三〇年間にわたる予測においては、もっとも高い推定値が許容される最低限度になりつつある。そして、付け加えなければならないことは、いままでほとんど研究されたことのない増幅要因が、温室効果における重大な質的変化というリスクをもたらしていることであり、それが止めどもなく進行する地球温暖化を引き起こしていることである。

永久凍土層、つまりカナダとシベリアに広がる凍りついたツンドラの中には、約四千億トンもの二酸化炭素がいままでも閉じこめられている。しかし、氷河が溶け出している以上、永久凍土が溶けないと言えるだろうか？　地球規模の気温上昇が五℃から六℃に達するという最悪のシナリオについて書かれたものはほとんどない。科学者は破局的なイメージを描くことを避けているのだ。しかし、われわれはすでに何が起きているかを知っている。海面上昇によって、ダッカや沿岸部にある他のアジア諸都市だけではなく、ロンドン、アムステルダム、ベネチア、ニューヨークなども洪水に襲われる。広大な規模で砂漠化や飲料水不足が起こり、自然災害が繰り返される。そのリストはまだまだ続く。気温が六℃上昇すると、それでも地球に人間が住めるかどうかは疑問である。残念ながら、われわれには移住できる天体などないのに。

人類の歴史上聞いたことのないようなこの状況に責任があるのは誰だろうか？　科学者たちは答える、それは人間だと。間違ってはいない答えであるが、少しばかり不完全だ。人間は何千年も地球上に住んできたが、大気中の二酸化炭素濃度が危険なレベルになったのはここ数十年のことである。実際には、責任は資本主義システムにある。すなわち、際限のない拡張と資本蓄積という資本主義システムの持つ不条理で非合理的な論理、そして利潤を追求するために商品生産を増大させようとする強迫観念のような衝動が原因である。

資本主義市場の偏狭な合理性は、短期的に利益を上げられるか、あるいは損失をこうむるかという計算の上に成り立っており、それは生活環境の合理性と本質的に矛盾したものだ。生活環境は自然の長期的サイクルにもとづいて機能するからである。それは、環境を破壊する「悪い」資本家が、「善良で」グリーンな資本家の邪魔をしているということではない。生態系の均衡を破壊しているのはシステムそれ自身であり、そのシステムは、無慈悲な競争をおこない、投資に対する見返りを求め、短期的な利潤を追求することに基礎を置いているのだ。

まさに問われているのは、商品生産に対する物神崇拝や新自由主義経済学によって提起されている自動調整型経済とは対極にあるものとして、「モラル経済学」が登場することである。それは、E・P・トムソンが提唱したように、非貨幣的で経済外的な基準にもとづく経済政策であり、言い換えれば、経済学をその環境的・社会的・政治的外被の中に再統合することである。部分的改革ではまったく不十分である。求められているのは、収益性基準というミクロ合理性を、環境や社会というマクロ合理性で置き換えることである。〈1〉つまり、文明が異なる枠組みにしたがって機能しなければならないことを意味する。このことは、現在のエネルギー源を、ダイレクト・ソーラーや風力エネルギーのような汚染がなく再生可能なエネルギー源に置き換えることを目標とする、技術の徹底的な転換なしには不可能である。それゆえ、答えが求められる最初の問題は、生産手段に対するコントロールの問題であり、とりわけ投資決定および技術選択に対するコントロールの問題なのである。われわれは、そうしたコントロールを銀行や他の企業から奪い取らなければならないし、公益的機能を果たすものとしなければならない。

もちろん、根本的変化の中には、生産だけでなく消費も含まれる。にもかかわらず、産業資本主義文明の問題は、(環境保護論者のなかにはそう指摘する者もいるが)大衆による「過剰消費」ではない。そして、その解決策は一般的な消費「削減」にあるのではない。先進資本主義諸国においてさえ、そうではないのだ。問題は、陳列、浪費、商品崇拝によって作り出される「偽りの欲求」にもとづく支配的な消費様式である。求められているのは、食料品、水、住居、衣類など基礎財とよばれるものをはじめとして、本当に必要なものの充足を目的とする生産である。

これら真のニーズと、人工的で外見だけは立派な偽りの「ニーズ」とをどのように見分けることができるのか？　後者は「広告」と呼ばれる心的操作システムによって作り出されるという事実によって、両者を見分けることができる。自由市場イデオロギーが主張していることとは反対に、供給は需要に対応しているのではない。資本主義企業はいつも、さまざまなマーケティング技術、広告のトリック、計画的な陳腐化によって、自分たちの生産物の需要を創り出しているのである。広告は、偽りの「ニーズ」を作り出し、衝動的消費の習慣を形成するように刺激を与えることによって、大量消費の欲求を産み出すのに重要な役割を果たしている。そのことによって、地球規模での生態系の均衡を維持するための条件を完全に破壊しているのだ。本当の欲求と人為的に作られた欲求とを区別する基準は、もし広告がなくなってしまったとしても、その欲求が存続すると考えられるかどうかという点にある。もし、しつこい製品広告がなくなってしまえば、コカコーラやペプシコーラの消費はどれくらいの間続くだろうか？　そうした例は限りなく増やすことができる。

悲観主義者は「もちろんそうだ。しかし、各個人は際限のない欲望によって動かされている。だから管理・抑制されなければならないのはこうした欲望である」と答えるだろう。なるほど、文明のパラダイム（枠組み）変換という希望は、実際のところ、カール・マルクスが提起したように、資本主義から解放された社会においては「個人の存在（being）」が「所有すること（having）」よりも価値あるものになるだろうという予測にもとづいている。個人的な充足は、財産や品物を限りなく蓄積することによってではなく、文化・運動・性・政治・芸術・遊びといった行動を通じて達成されるだろう。そうした蓄積は、資本主義システムに固有の消費崇拝や支配的イデオロギー、そして広告によって引き起こされたものであり、「不変の人間の本性」とは無関係だからである。

資本主義は、とりわけ最近の新自由主義グローバリゼーションという形態のもとでは、世界を商品化し、存在するすべてのもの（大地、水、空気、生物、人間、人間関係、愛、宗教）を商品に変えようとする。それゆえに、広告は、資本が利益を上げるために必要な品物を生活者一人一人に無理やり提供することによって、それらの商品を売りつけようとするのだ。全体としての資本主義および資本主義支配の重要なメカニズムとしての広告はともに、消費崇拝、すべての価値の貨幣への還元、際限ない商品や資本の蓄積、「消費社会」という商業的文化をともなっている。広告システムと資本主義システムに含まれるある種の合理性は密接に結びついているが、両方とも本質的に倒錯している。

広告は、都市・地方の景観を汚しているのと同じように、精神的景観をも汚染している。広告は、郵便受けを一杯にするように、頭の中をも一杯にする。広告は、新聞・映画・テレビ・ラジオを牛耳っている。広告の腐敗した影響から逃れることのできるものは何もない。われわれの時代においては、スポーツ・宗教・文化・ジャーナリズム・文学、そして政治も広告によって支配されている。広告の主張・スタイル・方法・議論のやり方がすべてのものに浸透している。その一方で、われわれは常に絶え間なく、広告によって攻撃されている。広告は、都市でも地方でも、街角でも自宅でも、朝から晩まで、月曜から日曜まで、一月から一二月まで、揺り籠から墓場まで、絶え間なく、間断なく、情け容赦なく、われわれを悩ませ、つきまとい、攻撃している。

それにもかかわらず、この広告というものは単なる道具にすぎない。生産物を処理し、見掛け倒しの商品を処分するために、そして投資を回収し、利幅を拡大し、「市場の諸部門」を獲得するために、資本が使う道具なのである。広告は真空の中に存在するわけではない。広告は、資本主義の生産・消費システムにおいて不可欠の部分であり、決定的な歯車である。資本主義がなければ、広告には存在理由はなくなるだろう。広告は、ポスト資本主義社会の中では、一瞬たりとも存続できないだろう。逆に、広告のない資本主義は、歯車の中に砂を投入された機械みたいになるだろう。

ちなみに、官僚的な計画経済がベルリンの壁崩壊後に消え去った国々では、広告は存在しなかったが、広告と同様に非人間的で抑圧的だった虚偽の政治的プロパガンダが存在した。これもまたポスト資本主義社会への移行にあたっては回避されるべきものである。

それでも、今日のどこでもいつでも見られる商業広告は、資本主義と不可分に結びついている。広告キャンペーンを企画し、資金を出し、そこから利益を得るのは資本主義企業である。そして、新聞・テレビ・スポーツ大会・文化イベントの「スポンサー」となっている（つまり、広告によって汚染をまき散らしている）のも企業である。広告は、資本の利益のための弁士・ポン引き・熱心な召使いの役割を果たしている。TF1（フランスの代表的な民間放送局）の最高経営責任者は、「われわれの目標は、視聴者の頭がわれわれの思い通りになっている間にコカコーラを売ることである（原注一）」と説明した。資本主義と広告は分かち難く結びついていて、世界の商品化、社会関係の商業化、魂の貨幣化の張本人であり、精力的な推進者である。

それでは、環境に対する広告の影響とは何だろうか？　広告が、原子力発電所、遺伝子組換え作物、自動車、それに（もちろんのことだが）道路輸送といったものを何でも、環境に優しいと信じ込ませるために、詐欺的な「環境保護」議論を用いていることにフランスの環境NGO「地球のための連合」が戸惑っているのは当然のことだ。広告に反対する者にとって、これは正確に言えばニュースではない。というのは、われわれは、広告が、呼吸するのと同じくらい自然に嘘をつくことをずっと前から知っていたからである。あの広告主の紳士たちが道徳心に欠けるからではなく、広告システムの本質的に倒錯した本性のゆえに、である。なんと、意識を迷わし、ごまかすことが、広告が存在する唯一の根拠なのだ。嘘をつかない広告を見つけるのは、ベジタリアンのワニを見つけるのと同じくらい難しい。フランスの広告審査機構（ＢＶＰ）はどうかと言えば、完全に広告産業の代表から構成されているので、その信頼性と実効性は、「オオカミ同胞団」のご立派な代表だけで構成されている「鶏小屋安全局」とほぼ同じ程度のものである。にもかかわらず、「環境に優しい」というふれこみの偽りの広告は単なる氷山の一角にすぎない。広告マシーンが環境にとって危険な敵であるのは、もっと根本的で構造的な理由のためである。以下、そのような理由を二つ挙げてみよう。

［１］広告は、地球上にある限られた資源の巨大で恐るべき浪費である。フランスだけでも、広告費用は何百億ユーロにのぼり、多くのアフリカ諸国の国家予算を上回っている。それだけの資金があれば、何千という保育施設、病院、学校、住宅を建設できるだろう。それだけの資金があれば、失業問題の解決に手をつけることができるし、第三世界へ大規模な援助をすることもできるだろう。われわれの郵便受けを一杯にしている、ますます増え続ける膨大な広告パンフレットを印刷するために、そして街角の壁を覆い、田園地帯を見えなくしている広告看板やポスターを作るために世界中で毎年切り倒されている森林は、いったい何百万エーカーにのぼるのだろうか？　上海からニューヨークに至る（パリも忘れてはならない）都市を「飾り立てる」ために毎年消費されている電力は、いったい何億キロワット／時になるのだろうか？　この活動によって捨てられたゴミはいったい何トンになるのだろうか？

広告合戦が必要とするエネルギー需要をまかなうために排出される温室効果ガスは、いったい何百万トンにのぼるのだろうか？　このリストはまだまだ続く。そのダメージは、計算することも難しいが、疑いもなく巨大なものである。そして、この膨大な無駄遣いはどんな目的のためなのか？　Xという洗剤はYという洗剤よりも白く洗えると大衆に信じ込ませるためである。これは筋が通ったことなのか？　もちろんノーである。しかし、（広告主にとっては）利益があることなのだ。もし役に立たない経済部門を探すとすれば、広告産業ほどそれに当てはまる例は他にはないだろう。広告産業は、人々に何の損害も与えることなしに、簡単になくすことができるだろうし、その一方で、エネルギーや原材料にかける多額の費用を節約することにもなる。確かに、そうすることによって非常に多くの人々がレイオフされるという影響があるだろう。しかし、そうした人々は失業に追い込まれるのではなく、新たな「環境に優しい（グリーンな）」仕事にうまく就くことができるだろう。

［2］すべての環境保護論者は、われわれを脅かしているエコロジー災厄の主な原因の一つとして、西側（先進資本主義）諸国の「消費至上主義」を非難することで一致している。しかし、そうした状態を変える方法を知らない。購買者に罪の意識を感じさせることによってだろうか？　質素倹約を説教することによってだろうか？　自らの生活をすすんで禁欲生活の模範例にすることによってだろうか？　それらはすべて、もっともな行動ではあるが、そうした行動では広範な人々に対して非常に限られた影響しか与えられない。ある場合には、

それは人々が環境のために必要なことを喜んでやろうとしなくなるというリスクさえおかすことになりかねない。消費習慣の変化は、一日で達成されるものではない。それは年月のかかる社会的プロセスである。天から押し付けることはできないし、個人の高潔な「良心」に委ねられるだけのものでもない。それは真の政治的闘いを意味し、その中では公共機関による精力的な教育が役割を果たさなければならない。しかし、変化をもたらす主要な要因は、消費者協会、労働組合、環境運動、そして（もちろんのことだが）政党による教育であり、闘いである。この戦闘における重要な前線の一つは、広告帝国主義を完全に決定的に廃絶するための闘いである。広告帝国主義は、われわれの精神と行動を植民地化する巨大な事業であり、その恐るべき効果はどれだけ過大評価してもしすぎることはない。

われわれが見てきたように、広告は、現代社会のとりつかれたような消費に責任がある、そして（たいていは不用な）物的財をため込むというさらに非合理的な傾向に責任がある主要な要因の一つである、簡潔に言えば、およそ持続不可能な消費パラダイムの主要な要因の一つなのである。衝動的な消費は、拡大と無際限の「成長」のプロセスにとって、不可欠な推進力の一つである。その拡大と限りない「成長」は、現代資本主義を常に特徴づけてきたし、スピードを上げながら地球温暖化の奈落へとわれわれを駆り立てている。

近年、もっとも独創的な「広告嫌い」の雑誌の一つである『アドブステール』の出版社が、環境保護をかかげた雑誌『成長の良心的拒否者(*Objecteurs de Croissance*)』を刊行し始めたのは偶然ではない。広告によるハラスメントと際限ない成長は、システムの分かち難い二つの側面であり、資本蓄積がそこから栄養をとる二つの乳首である。つまり、現在の消費パラダイムの転換は、広告の魔の手に反対する闘いと密接に結びついているということである。

昼も夜もなくひっきりなしに、次から次へと物を買うように人々を駆り立て、扇動し、刺激する広告を止めることなしに、どのようにして生態系の均衡とは両立し得ない消費習慣を放棄するように人々を説得できるのか? この物象化された文化をひっきりなしに再生産する広告から自らを解放することなしに、どのようにして人々は「誇示的消費」(一九世紀から二〇世紀にかけてのアメリカの経済学者ソースタイン・ヴェブレンの有名な研究がある)の文化を振り払うことができるだろうか? 誇示的消費の文化とは、「他では手に入らない」と思われる品物を購入して飾ることによってのみ、自分たちの個性を確認できるというものだからである。広告という(洗脳ではないとしても)頭に詰め込まれたものと闘うことなしに、それ自身さらに寿命が短くなっている製品を速やかに陳腐化させる「流行」による支配から、人々はいかにして解放されうるのだろうか? 広告が持っている、風刺劇に出てくるような恐ろしい「脳切除」装置を解体することなしに、われわれはブランドによる束縛やロゴに対する神経質な強迫観念にどのようにして終止符を打つことができるだろうか?

先進資本主義社会における衝動的な大量消費行為は、「人間の本性」の表現ではなく、もっともっと消費しようという人々の生まれつき備わった傾向の表現でもない。資本主義以前の共同体や社会においては、これに相当するものは何も見つけられない。すなわち、それは資本主義的近代化に特有のものであり、支配的な物神崇拝イデオロギーと切り離せないものであり、広告システムによって盛んに助長される商品崇拝という宗教的カルトとも切り離せないものである。広告が作り出すものは、単なるあれやこれやの生産品を手に入れようとする欲望ではない。それは文化であり、人生観であり、習慣であり、習性なのである。要約すると、生き方のすべてなのである。

必要とされることは、人々に「生活水準の切り下げ」、あるいは抽象的で量的なアプローチに過ぎない「消費削減」を強制しようとすることではない。たとえば、新しい装置や次第に役に立たなくなる新しい商品を買うよりはむしろ、文化・教育・衛生・住居改善を選択することによって、人々が少しずつでも自分たちの本当に必要なものや自分たちの消費方法の質的な変化を見いだすことができるような条件を生み出すことである。このためには、広告によるハラスメントを抑制することが必要条件である。

もちろん、これだけではまだ十分ではない。たとえば、いわゆるフォーディズム資本主義の象徴的な商品である自家用車を考えてみよう。環境一般に対する自家用車の有害さは言うまでもないことである。自家用車は、大気汚染を引き起こし、緑地を舗装した道路に変え、最終的には二酸化炭素排出による気候変動を引き起こすからである。われわれの都市において、自家用車の占める場所を着実に減らすこと（大衆自身によって民主的に決定されるべきだが）に成功するためには、執ようで偽りに満ちた自動車広告の規制と並行して、都市計画が公共輸送手段、自転車、歩行者優先などのオルタナティブな交通手段を強力に推し進めなければならない。

広告は、増え続け、拡大し続ける生産・消費・蓄積という新自由主義・資本主義の悪魔のスパイラルにおける不可欠の伝導装置である。そのスパイラルは、加速度的な環境悪化―気候変動によって、人類の歴史上かつてなかった破局へと導く環境悪化―を引き起こしている。広告は、地球を押しつぶし、数十年間後には人間が住めなくするかもしれない、あの恐ろしいほど有効な伝導装置を滑らかに動かす油と見なすことさえできる。

そのストーリーの教訓は次のようなものである。つまり、資本主義の物象化、商品の物神崇拝、広告といったものが入り込む余地のない別の世界は可能であるということだ。しかし、われわれはそれが到来するのを待つことはできない。別の未来を求める闘いはいたるところで始まっている。いつの日かわれわれが広告を完全に排除できるまでは、その攻撃を制限しようとするあらゆる試みは環境に対する義務であり、破壊から自然環境を守ろうと願うすべての人々にとっての政治的・道徳的責務でもある。文明の別の枠組みをめざす闘いは、そのようなイニシアチブを通じてまさに遂行されるだろう。これからは、資本の際限ない貪欲さにブレーキをかける手段（たとえばトービン税〈2〉）のために反資本主義派が動員をかけるのと同じやり方で、われわれは広告の暴走を抑制するために闘う。一つ一つの成功は、たとえ限られたものであっても、共同行動を通じてかちとられるならば、正しい方向へのワンステップであり、とりわけ民衆による自覚や自己組織の獲得における前進である。それこそが、システムを全体として乗り越えていくための最も重要な条件だからである。

（原注一）
Patrick Le Lay, quoted in *L'Espress*, July 9, 2004

訳注

〈1〉ミクロ合理性とは、局所的には非常に正確だが、全体としては合理性がないというものであり、それに対してマクロ合理性とは、個々の議論は必ずしも正確ではないが、全体としては合理性があるというもの。

〈2〉トービン税とは、ジェームス・トービンによって一九七二年に提起された通貨取引税のこと。トービンは、投機を抑制し為替相場を安定させることを目的に、為替取引を対象とした取引に対して課税することを提案したのである。この提案は、ほとんどの経済学者から無視され続けてきたが、国際的な投機による通貨危機が繰り返される中で、社会運動の側からトービン税の実施が強く主張されるようになった。ATTACが結成されたのは、まさにそのためにであった。さらに、トービン税による税収について、社会運動からは、発展途上国における「グローバル公共財」のために使われるべきであり、その管理に対して市民社会によるコントロールが必要であるとの主張がなされている。国際会議においては、何回か通貨取引税の導入に向けた提案や議論がおこなわれた。一国レベルでも、カナダ・ベルギー・フランス・イギリスなどでの導入促進ないしは導入検討の議会決議がおこなわれた。そのうち、ベルギー議会は二〇〇四年に「EU全体での導入」を条件にしてはいるものの、通貨取引税法案を可決している。

第四章　エコ社会主義的倫理のために

資本は、恐るべき物象化マシーンである。〈1〉「大転換」(カール・ポラニーによる)以降、すなわち資本主義市場経済が自律的になり、社会に「埋め込まれなく」なって以降、資本主義市場経済は、利益と蓄積というそれ自身の非人間的な法則にしたがって機能している。〈2〉ポラニーが強調したように、資本主義市場経済は、自己調整的市場による「まさに社会の自然的実在と人間的実在の、商品への転化」を必要としているが、その自己調整的市場が「人間相互の関係を解体し、その本来の生活環境を破壊する」のは避けられないことである。(原注一)それは、進歩という殺人的な車輪の下に貧しい人々を放り込む無慈悲なシステムである。

マックス・ウエーバーは、偉大な著作『経済と社会』の中で、すでに資本の「物象化」論理を把握していた。

市場社会形成を基礎とする経済の物象化[Versachlichung]は、どこまでもその固有の物象的な法則にしたがう。・・・資本主義の物象化された宇宙[versachliche Kosmos]は、慈悲深い態度がとれるような余地を残しはしないのである。(原注二)

ここから、ウエーバーは、資本主義経済が構造的に倫理的原理とは相容れないことを推論した。

経済的な資本の支配は、他のあらゆる支配形態とは異なって、その「非人格的な性格」のゆえに、倫理的方法によっては規制することができない。・・・競争能力、市場、労働市場、貨幣市場、商品市場、そして倫理的でも反倫理的でもなく、単に無倫理的な「客観的」考慮が、究極的には行動を決定し、関係する人々の間に非人格的な決定機関を導入することになる。(原注三)

ウエーバーは、中立的で超然としたスタイルで、資本の本質、資本に固有の「無倫理的」性質をきちんと指摘していたのだった。

この資本と倫理とが相反していることの根底には、数値化という現象がある。資本は、ウエーバーによる合理性計算概念＝〝Rechenhaftigkeit〟〔「計算性」「計算癖」「計算高さ」などと訳されている〕をもとにした恐るべき計算機である。資本は、利益と損失、生産数量、価格測定、経費と利益の計算式しか認識できない。資本は、経済・社会・人間生活を、商品の交換価値による支配やその非常に抽象的表現である貨幣に従属させる。これらの量的価値は、二桁、三桁、四桁、さらに七桁とかの単位で測られるが、そこには正義も不正義もなく、善も悪もない。つまり、量的価値は質的価値を溶解させ、破壊する。そして、最初に溶解・破壊されるのは倫理的価値なのである。量的価値と質的価値という価値の二つの形態の間には、古代錬金術的意味での「アンティパシー（対立)」、すなわち二つの物質間での親和力の欠如が存在するのだ。
今日、この完全な（実際のところ、全体主義的な）市場価値による支配、量的価値による支配、貨幣による支配、資本主義金融による支配は、人類史の中で前例のない段階に達している。しかし、一八四七年までには、そのシステムの論理はすでに明快な資本主義批判を通して解明されていたのだ。

最後に、譲渡できないものと人々がみなしていたものがすべて、交換や取引の対象となり、譲渡されうる時代がやってきた。これは、そのときまでに伝達されはしたが決して交換されたことのない、贈与されはしたが販売されたことのない、取得されはしたが購入されたことのないもの――たとえば徳、愛、意見、学問、良心のようなもの――でさえ、要するにあらゆるものが、商取引の一部となった時代である。腐敗がはびこり、何でも貨幣で購入される時代、経済学の用語で言えば、精神的なものであれ物質的なものであれ、すべてのものが売買価値となって、市場にもたらされ、そこでそれぞれのもっとも正当な価値で評価される時代なのである。（原注四）

資本主義による商品化に対する最初の反抗は、労働者に限られたものではなく、小農民や他の民衆諸階級も加わっていた。そうした反抗は、資本の政治経済学（ポリティカル・エコノミー）よりも道理にかなっていると考えられた特定の社会的価値や社会的ニーズを大義名分に掲げて引き起こされた。歴史家のＥ・Ｐ・トムソンは、一八世紀イングランドにおける大衆運動、食料暴動、反乱を研究して、一般大衆の「モラル・エコノミー」と資本主義市場経済—その最初の偉大な理論家がアダム・スミスだった—との間の対立を指摘する。（女性が主要な役割を果たした）食料暴動は、伝統的共同体の規範をもつ古代「モラル・エコノミー」を大義名分に掲げた、市場に対する抵抗の一形態だった。それには合理的な基礎があったし、長期的に見ればおそらく民衆階層を飢餓から救い出したものだった。（原注五）

現代社会主義は、こうした社会的抵抗や「モラル・エコノミー」を受け継いでいる。現代社会主義は、市場や資本の基準（「支払い能力のある需要」、費用対効果、利益、蓄積）にもとづくのではない、社会的ニーズの充足、「共有財」、社会正義にもとづいた生産形態を打ちたてようと考える。現代社会主義は、市場や貨幣的数値化へと還元できない質的価値観に注意を向けている。マルクスは、生産力主義を否定し、所有すること（having）よりも個人の存在(being)—人間としての潜在的可能性の全面的な実現—を優先させることを主張した。マルクスにとって、第一の、そして絶対に欠かせない社会的に必要なものとは、—そして「自由の王国」への扉を開くであろうものは自由時間であり、労働時間の短縮であり、遊び、学習、市民活動、芸術的創作活動、愛を通じた各個人の自己実現だった。

これらの社会的ニーズの中で、今日においてますます決定的に重要となっているものがある。それはマルクスが自身の著作において、(いくつかの重要な言及を除いては)十分には考察しなかったものである。それは、自然環境保護の必要性であり、呼吸に適した大気、飲んでも安全な水、有害化学物質や放射線で汚染されていない食料の必要性である。それは、地球上の人類の生存そのものとますます関係してきている必要なものなのである。地球上では、資本主義の持つ生産力主義が際限なく拡大したことによる破局的結果(最終的には地球温暖化)によって、生態系の均衡が深刻な脅威にさらされてきているからである。

それゆえ、社会主義とエコロジーは、市場に還元することができない質的社会的価値観のいくつかを共有する。そうした質的社会的価値観は、「大転換」に対する反乱、物象化された経済の社会からの分離に対する反乱においても共有されている。そして、それは、社会・自然環境の中に経済を「再び埋め込む」という願望である。(原注六)しかし、経済と社会の一体化を実現するためには、マルクス主義者は「生産力」についての自らの伝統的な理解を批判的に分析しなければならないし、エコロジストもグリーン「市場経済」への幻想と決別しなければならない。この二重のとりくみはエコ社会主義潮流の任務であって、エコ社会主義は二つのアプローチを一致させることに成功してきた。

それでは、エコ社会主義とは何か? エコ社会主義は思想と環境保護行動の潮流であり、生産力主義の罠から抜け出し、マルクス主義の基本的諸原理を統合する潮流である。エコ社会主義は、資本主義の市場論理と利益が—そして、いまは消滅してしまった「人民民主主義諸国」のテクノ官僚制による強権支配も同じく——環境保護とは相容れないことを理解している潮流である。最後に、エコ社会主義は、支配的な労働運動のイデオロギーには批判的だが、システムのいかなる根本的転換にとっても労働者と労働者組織が不可欠な勢力であることを理解している潮流である。

エコ社会主義は、主に過去二五年間のうちに登場してきた。その先がけとして、一九世紀終わりから二〇世紀初頭にかけてのロシアの先駆的学者であるセルゲイ・ポドリンスキー〈3〉やウラジーミル・ヴェルナツキー〈4〉による研究があった。その発展は、マヌエル・サクリスタン、レイモンド・ウィリアムス、アンドレ・ゴルツ（の初期の著作）といった思想家の業績に端を発している。さらに、ジェイムズ・オコンナー、バリー・コモナー、ホアン・マルチネス・アリエ、フランシスコ・フェルナンデス・ブエイ、ジーン・ポール・デレアージュ、エルマー・アルトファーター〈5〉、フリーダー・オットー・ヴォルフ、ジョエル・コヴェル、ジョン・ベラミー・フォスターや他の多くの人々の重要な貢献が挙げられる。この潮流は均質的ではないが、その代表的人物の多くは基本的なテーマを共有している。その一つは、資本主義的形態であれ、あるいは官僚的形態（いわゆる「現存する社会主義」）であれ、その中にある生産力主義イデオロギーとの決別である。もう一つは、環境に対して破壊的な生産・消費様式の限りない拡大に反対しているということである。エコ社会主義潮流は、環境保護運動の中でもっとも先進的な傾向を代表しているし、労働者やグローバル・サウスの民衆の利益についてもっとも敏感であり、資本主義市場経済の枠組みの中では「持続可能な成長」は不可能であることを理解してきた。

エコ社会主義的倫理は、資本主義の収益性と統合市場―「何でも貨幣で購入される」システム（マルクス）―が持つ破壊的論理と根源的な「無倫理性」（ウエーバー）に根本的に反対しているのだが、その基本的諸要素とはどのようなものだろうか。私はここでは、討論のために、いくつかの仮説と出発点を提示しておこう。それはまず何よりも**社会的倫理**であるように思える。これは個人の行動倫理ではない。それは、人々に罪悪感を抱かせたり、禁欲主義や自己規制を促したりするようなものではない。環境を大事にし、無駄なものを作らないように人々は教育されるべきだというのはもちろん重要なことではある。しかし実際に大事なことは別のところにある。すでに議論してきたように、社会的ニーズに基礎を置く、とりわけ破壊されていない自然環境の中で生きるために不可欠なニーズに基礎を置く新たな生産・分配の枠組みを打ち立てるために、資本主義の経済・社会構造を変えることが重要なのだ。それは、良心を持つ個人だけでなく、社会的実践者、社会運動、環境保護組織、政党を必要とする変革である。

この社会的倫理は、**人間主義の倫理**である。自然と共存して生きることや脅威にさらされている種を保護することは、人間の命を攻撃する生命形態（細菌・ウイルス・寄生虫）を薬で殺すことと同じくらい人間的な価値観なのである。黄熱病を媒介するハマダラカに、その同じ病気の脅威にさらされている第三世界の子どもたちと同じ「生きる権利」があるわけではない。子どもたちを救うために、いくつかの地域でハマダラカを根絶するのは倫理的に正当なことである。

エコロジー危機は、自然環境の均衡を脅かしながら、動植物だけでなく、何よりも健康や生活条件やわれわれの種の生存そのものを危険にさらしている。それゆえ、生物多様性や絶滅の危機にある動物種を守る倫理的・政治的なとりくみが必要だということを理解するために、人間中心主義あるいは「人類中心主義」と闘いはじめる必要はない。環境を救うための闘いは、必然的に文明を変える闘いでもあるが、あれやこれやの社会階級だけでなく、すべての人々に関係する人間主義的責務だからである。この責務はまた、環境に対するますます制御不能になっている悪影響の結果として、地球が住めなくなってしまうという予測に脅かされている未来の世代にも関係している。ハンス・ヨナスのような人々の議論は、エコロジー倫理をもっぱら未来世代の権利にもとづくものとしていたが、そうした議論はいまや乗り超えられてしまった。問題はいまやより緊急なものとなっており、直接に現在の世代にかかわっているからである。二一世紀初頭に生きる人々は、すでに生態圏に対する資本主義的破壊や有毒化の劇的な影響を知っているし、いずれにせよ、より若い世代に関しては、来るべき二〇年ないしは三〇年以内に、気候変動のようなまぎれもない破局に直面しなければならない恐れがある。

エコ社会主義的倫理はまた、**平等主義の倫理**でもある。先進資本主義諸国における現在の生産・消費様式は、（資本・利益・商品の）際限ない蓄積、誇示的消費（ヴェブレンによる）、加速された環境破壊という論理にもとづくものだが、これを世界の残りの部分にまで拡張することは絶対にできない。人類が「アメリカ的生活様式」を取り入れるとすれば、地球が五つ必要になるだろう。それゆえに、このシステムは、必然的に北と南との間の顕著な格差を維持・拡大することに基礎を置くことになる。エコ社会主義プロジェクトは、新たな生産パラダイムによって、世界中の富を再分配し、資源の共同開発をすすめることをめざしている。社会的ニーズを充足させるという倫理的・社会的要求は、社会正義・平等（均質化することとは同じではない）・**連帯**の精神を含んでいなければ、何の意味も持たない。最近の分析では、そうした要求は、生産手段の共同所有や「必要に応じて各人に」という原理にもとづく財・サービスの分配を意味している。このことには、自由主義的な「公正」の主張と共通するものは何もない。自由主義的立場に立つその主張では、社会的不平等が社会的地位と結びついていても、その社会的地位が機会の平等という条件のもとですべての人々に開かれている限りは、社会的不平等は正当化されるからである。（原注七）これは経済的・社会的な「自由競争」を擁護する人たちの古典的な議論である。

同様に、エコ社会主義的倫理は、**民主主義的な倫理**でもある。経済的決定と生産選択が、資本主義独占体、銀行家、テクノ官僚の――かつて存在していた国営経済では、いかなる民主的コントロールも受けない官僚制の—手中に握られている限り、生産力主義、労働者への搾取、環境破壊という悪循環から抜け出せないだろう。経済民主主義とは、生産力を社会化することを意味するとともに、生産や分配に関する重要な決定を「市場」任せにしたり政治局に委ねたりせずに、社会みずからが担うことを意味する。決定は、さまざまな提案や選択肢がお互いに競合し合うような、民主主義的で複数主義的な討論を経ておこなわれる。このことは異なった社会・経済的論理や自然との異なった関係を導入する上での必要条件である。

最後に、エコ社会主義は、ことばの本来の意味において、**根源的な倫理**である。それは、問題の根源にまで至ることを提案する倫理である。中途半端な方法、改革、国連気候変動会議、排出権市場はいかなる解決をも導くことはできない。根本的変化や新たな文明モデルが存在しなければならない。要するに革命的転換でなければならないのである。この革命は、生産の社会関係（個人所有や分業）だけでなく、生産力にも関係するのである。生産プロセスそれ自身の構造を問題にしなければならない。こうした考え方は、「生産力の自由な発展の障害物」となってきた資本主義生産関係の廃絶という観点からのみ、革命を理解していた俗流マルクス主義の考え方とは大きく異なっている。パリ・コミューンのあとで書かれたマルクスの国家に関する有名な定式を言い換えるとすれば、労働者人民は生産機構を引き継いで、自分たちの利益のために機能させることはできない、つまり生産機構を打ち壊して別のものに置き換えなければならないということになる。このことは、生産の技術的構造とそれを形成するエネルギー源（化石燃料や原子力）の重大な転換を意味する。環境や再生可能エネルギー（特に太陽光）を重視する技術が、（化石燃料を選ぶのか、それとも太陽光エネルギーを選ぶのかという政治的な重要性をもつ）エコ社会主義プロジェクトの中心に位置付けられている。

エコロジー社会主義というユートピア、あるいは「ソーラー共産主義」（ディビッド・シュワルツマンによる）(原注八) というユートピアが意味するのは、未来の形をあらかじめ明らかにした、同一の価値観にもとづく以下のような当面の目標を実現するために、いまから闘わなければならないということである。

＊自家用車やトラックの途方もない増加に反対して、公共交通機関を優先すること
＊核の罠から抜け出し、再生可能なエネルギー源の研究を発展させること
＊「排出権市場」というごまかしではなく、温室効果ガス削減についての真剣な国際的合意を要求すること
＊有機農業のために闘うとともに、多国籍アグリビジネスと彼らが進める遺伝子組換え作物に反対して闘うこと

これらはほんの二、三の例に過ぎないが、他にも多くの例を容易に挙げることができる。

そうした要求や同様の他の要求は、クライメート・ジャスティス（気候正義）運動や新自由主義に反対する国際的動員、そして世界社会フォーラムによって掲げられた要求の中に見出される。これらの運動は、システムが創り出した途方もない社会的不公正やシステムによる環境破壊を批判するだけでなく、具体的なオルタナティブを提起する力を持っている。そうした運動は、世界の商品化を拒否することによって、エコ社会主義の価値観に近い社会的・環境的価値観にもとづいて、連帯倫理から道徳的刺激や提案を引き出しているのである。

（原注一）カール・ポラニー『新訳大転換　市場社会の形成と崩壊』二〇〇九年、東洋経済新社、野口建彦・栖原学訳、七一ページ
（原注二）Weber, Max. 1923. *Wirtschaft und Gesellschaft [Economy and Society]*. T?bingen: JCB Mohr.:p.305
（原注三）マックス・ウェーバー『支配の社会学２』一九六二年、創文社、世良晃志郎訳、五九七ページ
（原注四）カール・マルクス『哲学の貧困』一九五〇年、岩波文庫、山村喬訳、一七ページ
（原注五）Thompson, Edward P. 1991. *Customs in Common*. London : Merlin Press.
（原注六）ダニエル・ベンサイド『時ならぬマルクス　批判的冒険の偉大さと逆境（十九世紀―

二十世紀)』(二〇一五年、未来社、佐々木力監訳・小原耕一・渡部實訳)の第一一章「物質の煩悩(政治的エコロジー批判)」を参照のこと。

[訳者]マルクス主義とエコロジーとの関連については、同書四八六〜七ページ、四九四〜四九六ページを参照のこと。この点に関するベンサイドの記述としては、さらに『マルクス[取扱説明書]』(二〇一三年、つげ書房新社、湯川順夫ほか訳)の第一〇章「なぜ、マルクスは緑の天使でも、生産力主義の悪魔でもないのか」がある。ここでは、ベンサイドはエコロジー問題についてのマルクス・エンゲルスの立場に対して、レヴィーと基本的に同じ評価をしている。

(原注七) Rawls, John. 1993. *Political Liberalism*. New York : Columbia University Press.

(原注八) Schwartzman, David. 1996. 〝Solar Communism.〟 *Science and Society* 60 (3) : p.307-331.

訳注

〈1〉物象化とは、「人と人との関係」があたかも「物と物との関係」のように現れることを指す。マルクスは、資本主義経済において、人の労働と労働との関係が商品と商品との関係として現れることを物象化と呼んだ。その際、あたかも商品それ自身が価値を持っているかのように思い込む、あるいは貨幣それ自身に価値があるかのように思い込むことを、マルクスは物神崇拝と呼んだ。

〈2〉カール・ポラニーについては第一章訳注〈2〉を参照のこと。

〈3〉セルゲイ・ポドリンスキー（一八五〇〜九一）は、フランスに亡命したウクライナ人医師で、社会主義者。彼は、経済成長の足かせとなるのは生産関係ではなく、物理学とエコロジーの法則の限界であると考え、「科学的社会主義は、すべての天然資源の不足を克服し、無制限な物質的拡大を可能にすると想定している。そこで、社会主義モデルは失敗している」と書いている。しかし、彼の考え方に対して、エンゲルスは否定的な反応を示した。

〈4〉ウラジーミル・ヴェルナツキー（一八六三〜一九四五）は、ソビエト連邦の地球化学者・鉱物学者で、現在の環境科学の基礎を築いた一人と言われる。

〈5〉エルマー・アルトファーター（一九三八〜二〇一八）は、ドイツのマルクス主義哲学者で、ＡＴＴＡＣドイツの科学諮問委員会のメンバーだった。『グローバリゼーションを読む』（一九九九年、情況出版）に論文が掲載されている。

2019年11月に大阪でおこなわれた気候アクション
ⓒ teramoto

第五章　マルクス・エンゲルスとエコロジー

以下は、エコロジーに関するマルクスとエンゲルスの見解について、二一世紀のエコ社会主義との関連性という観点から、簡潔に述べたものである。マルクスとエンゲルスが「生産力の発展」を考察する方法には深刻な限界がある。しかしその一方で、資本主義の拡大による環境への破壊的な結果についてのマルクスとエンゲルスの議論には、その拡大が人間社会と自然との間で深刻な**物質代謝の亀裂**をうみだしているという、説得力のある洞察が含まれている。エコロジーマルクス主義者の中には、「第一段階のエコ社会主義者」と「第二段階のエコ社会主義者」とを区別する人たちがいる。前者は、エコロジー問題に関するマルクスの分析が非常に不完全で時代遅れなため、今日では現実的妥当性を欠いていると信じており、後者は、マルクスのエコロジー的な資本主義批判がもつ、方法論的な今日的重要性を強調しているというのである。この小論は、第三の立場（おそらく上記の二つのグループの中でも、この立場を受け入れる人々がいることだろう）について議論しようとするものである。つまり、マルクスとエンゲルスのエコロジー問題に関する議論は不完全で**あり**、時代遅れでは**あるが**、その不十分さにもかかわらず、今日において現実的な妥当性と方法論的な重要性を**有しているという立場である。**

主流派エコロジストはマルクスを否定的にとらえてきたが、その一方では、過去数十年間の真剣な研究によって、マルクスとエンゲルスがエコロジー問題について非常に重要な洞察を展開したことが明らかとなってきた。この研究の先駆者はジェイムズ・オコンナーおよび『キャピタリズム・ネイチャー・ソーシャリズム』誌だった。しかし近年、ジョン・ベラミー・フォスターと彼の友人たちが、『マンスリー・レビュー』誌でこの点に関する体系的かつ徹底的な研究を発展させてきた。

このことは、エコロジーがマルクスの理論的構造において中心的な位置を占めていることを意味するのだろうか？　私はそうは考えない。しかし、これは理論の不十分さに起因するものではない。一九世紀にはエコロジー危機はまだ始まったばかりであり、われわれの時代のように破局にまでは至っていなかったという事実を反映しているだけなのである。私が以下で明らかにしようとしているように、「生産力の発展」についてのマルクスの議論の中にはいくつかの問題があり、社会主義の理解においてもその内部に緊張をはらんでいる。にもかかわらず、マルクスとエンゲルスの著作の中には、資本主義と自然環境破壊との間のつながりを理解するのに欠くことのできない、そして支配的システムに対するエコ社会主義的オルタナティブを定義するのに必須の一連の議論や概念が見いだされる。

それでは、主流派エコロジストによって提起されているマルクス・エンゲルスに対する批判について議論するところから始めよう。

［1］「史的唯物論の創始者たち［マルクスとエンゲルスのこと］」は、人間を自然との永続的な闘争の中にあるとみなした。彼らは人間を自然の主人・征服者とみなすプロメテウス主義

的見解〈1〉をもっていた」。実を言うと、マルクス・エンゲルスの著作にはこのように解釈できる記述がある。たとえば、『共産党宣言』(一八四八年)において、ブルジョアジーが達成した成果を賛美して、マルクス・エンゲルスは以下のように述べている。

自然の諸力の征服、機械の発明、工業と農業への化学の応用、蒸気船、鉄道、電信、いくつもの大陸の開墾、巨大運河の建設、地から湧き出てきたような膨大な住民群―これほどの生産力が社会的労働の胎内で眠っていようとは、これまでのどの世紀が予想しただろうか?(原注一)

フォスターは、私がマルクス・エンゲルスに対して「プロメテウス主義」ということばを用いることを批判する。これが不適切に一般化したものであることは認めるが、フォスターがこの『共産党宣言』の明確な一節を「プロメテウス主義」ではないと解釈していることには同意できない。(原注二)『共産党宣言』のこの一節についての最近の議論で、斎藤幸平〈2〉は「レヴィーがマルクスを『プロメテウス主義』の疑いがあると解釈していることに、ここでは異議を唱えることは難しいようだ・・・しかし、マルクスの全生涯にわたってそれを一般化することはできない」(原注三)と認めている。まさにその通り! 実際、この記述が、人間と自然世界との関係という問題について、マルクスの全般的な見解を代表していると結論づけるとすれば、ひどい間違いをおかすことになるだろう。コヴェルが、テッド・ベントン[3]やライナー・グルントマン[4]などの人々に反対して明言したように、マルクスを仔細に読み込めば、彼がプロメテウス主義者では**なかった**こと、つまり「もっともひどい産業形態の啓蒙主義の古臭い考え方のままの伝道者[原注四]」では**なかった**ことは明らかになるだろう。

マルクスの初期著作で特筆すべきなのは、かれの率直な**自然主義**であり、人間を自然界にあるもの、自然環境と切り離せないものだと考えていたことである。たとえば、『経済学・哲学草稿』の中で、マルクスは「人間の肉体的および精神的生活が自然と連関しているということは、自然が自然自身と連関していること以外のなにごとをも意味しない。というのは、人間は自然の一部だからである[5]」と強調している。本当のところ、マルクスは人間主義の思想家であり、共産主義を「完成した自然主義として＝人間主義」であり、「人間と自然とのあいだの抗争の真実の**解決**[6]」であると定義する。私的所有をきっぱりと廃止することによって、人間社会は「人間と自然との完成された本質的統一、自然の真の復活、人間の貫徹された自然主義、自然の貫徹された人間主義[原注五]」になるだろう。こうした記述は、エコロジー問題や環境に対する脅威を直接に扱ったものではないが、この種の自然主義の論理は、一方的ではない人間と自然との関係というアプローチを可能にする。

この考え方はマルクスの初期著作に限定されるものではない。非常によく似た自然主義的アプローチは、フリードリヒ・エンゲルスの有名な著作『猿が人間化するにあたっての労働の役割』(一八七六年)にも見いだすことができる。ここでは、自然主義的なスタンスは、人間と環境との関係が略奪的な形をとっていることへの根本的批判のもとになっている。

けれども、われわれは、われわれ人間が自然にたいして得た勝利のことであまりうぬぼれないようにしよう。このような勝利の一つ一つにたいして、自然はわれわれに報復する。・・・メソポタミア、ギリシャ、小アジア、その他で、可耕地を得るために森林を切り払った人々は、それによってこれらの国々から森林といっしょに水分の集合点と貯水池を奪ってしまい、こうしてこれらの国々の今日の荒廃の土台をつくったのだとは、夢にも思わなかった。アルプス山地のイタリア人は、北がわの山腹であれほどたいせつに保護されているもみの森林を南がわの山腹で伐採しつくしたとき、それによって彼らの地域における牧牛業を根だやしにしてしまったのだとは、気づかなかった。・・・こうしてわれわれは、一歩ごとにつぎのことを思い知らされるのである。すなわち、われわれが自然を支配するのは、征服者が他国民を支配するような仕方で、また自然の外に立っているものがやるような仕方で支配するのではけっしてないこと、―むしろわれわれは、肉と血・脳髄をそなえたままで自然の一部であり、自然のまんなかにいるのだということ、自然にたいするわれわれの支配は、われわれが、他のどんな生物にもできないことだが、自然の法則を認識し、それを正しく応用できるという点につきること、

これである。(原注六)

この一節は、資本主義生産様式ではなく、もっと古い諸文明を扱っているので、非常に一般的な性格を持っていることは確かだ。にもかかわらず、人間社会の「征服的」考え方を批判することによって、特に森林伐採の結果として生じる災厄に注意をひくことによって、それは印象的で驚くべき現代性を持つエコロジー的議論となっている。

［2］多くのエコロジストによれば、「マルクスは、デヴィッド・リカード〈7〉にならって、自然の貢献を無視して、人間労働をすべての価値と富の源泉とみなしている」のだという。この批判は単に誤解の結果である。マルクスは、資本主義システムの枠組みの中で、**交換価値**の源泉を説明するために労働価値説を用いている。しかし、自然は真の富の形成に参画するが、真の富とは交換価値ではなく**使用価値**なのである。この主張はマルクスが『ゴータ綱領批判』(一八七五年)において、フェルディナント・ラサール〈8〉およびドイツ労働運動における彼の信奉者に反対して、はっきりと提起したものである。

労働はすべての富の源泉ではない。自然もまた労働と同じ程度に、諸使用価値の源泉である(じっさい、物象的な富はかかる諸使用価値からなりたっているではないか!)。そしてその労働はそれじたい、ひとつの自然力すなわち人間的な労働力の発現にすぎ

ない。（原注七）

［3］多くのエコロジストは、マルクスとエンゲルスが「**生産力主義**」であるとして非難する。この非難は正当化されるだろうか？　マルクスほど、生産のための生産という資本主義的論理、つまり蓄積それ自体が目的となっている資本・富・商品の蓄積を非難した者はいないという限りにおいて、答えはノーである。社会主義経済の基本的な考えは、**使用価値**、つまり人々のニーズを充足するのに必要な財を生産するという考え方である。これは、その悲惨な官僚主義的カリカチュアとは似ても似つかないものだ。さらに、マルクスにとって技術進歩が重要であるのは、財を際限なく増やすこと（having「所有すること」）のためではなく、**労働時間の短縮**と自由時間の増大（being「個人の存在」）のためだった。「所有すること」と「個人の存在」との間の対立は、しばしば『経済学・哲学草稿』において議論されている。『資本論』第三巻では、マルクスは、社会主義が「自由の王国」となるために必要なものとして、自由時間について強調している。バーケットが鋭く指摘したように、マルクスは共産主義的な自己開発および芸術的・性的・知的活動のための自由時間を強調することによって、自然環境への生産の圧力を決定的に減らそうとする。それは、資本主義のもとで、より多くの物的財を消費させようとする強迫観念とは対照的である。（原注八）

しかし、マルクス・エンゲルス――いわんや二人の後に続いたマルクス主義の支配的潮流――

の中には、資本によって作り出された生産力に対する無批判的なスタンスが見られるというのは本当である。また、「生産力の発展」の中に人間の進歩の主要な要因を見るという傾向があるのも間違いない。この点での「聖典的」なテキストは、『経済学批判』（一八五九年）の有名な序文である。この序文は、マルクスの著作の中では、ある種の特定の進化論、不可避的な歴史進歩への信頼、現存する生産力を問題にしようとしない見方がもっとも盛り込まれたものの一つである。

社会の物質的生産諸力は、その発展がある段階にたっすると、いままでそれがそのなかで動いてきた既存の生産諸関係、・・・と矛盾するようになる。これらの諸関係は、生産諸力の発展諸形態からその桎梏へと一変する。このとき社会革命の時期がはじまるのである。・・・一つの社会構成は、すべての生産諸力がそのなかではもう発展の余地がないほどに発展しないうちは、崩壊することはけっしてなく・・・。（原注九）

この有名な一節においては、資本によって創り出された生産力は、「中立」的なものとして現れ、革命の任務は、生産力のより大きな（際限のない？）発展にとって「足かせ」「束縛」になった生産関係を廃絶することだけであるとされる。私はこの問題を以下で論じようと思う。

『経済学批判要綱』にある次の一節は、マルクスが資本主義的生産による「文明化行動」を、さらにまた「自然崇拝」や他の「障壁や偏見」の克服を、無批判的に称賛していることを、証拠づける絶好の例である。

資本のうえにうちたてられた生産は、一方では普遍的な産業労働をつくりだすと同時に、他方では自然と人間の諸性質を一般的に利用する体系をつくりだす。・・・そのようにして資本はまずブルジョア社会を作り出し、社会の構成員を通じて自然と社会的関連それ自体の普遍的な領有をつくりだす。ここからして、資本の偉大な文明化作用、つまり資本による一つの社会的段階の生産が出てくるのであり、これにくらべるとそれ以前のすべての段階は、人間の**局地的発展と自然崇拝**として現れるにすぎない。自然は、はじめて人間にとっての純粋な対象、純粋な有用物となり、対自的な力とはみとめられなくなる。そして自然の自立的な法則を理論的に認識することは、消費の対象としての自然にせよ、生産の手段としての自然にせよ、人間の欲望に自然を従属させるための策略にすぎないものとさえ見られる。資本は、資本のこの傾向にしたがって、民族的な制限や偏見をのりこえてすすみ、また自然神化をのりこえ、・・・旧時代の生活様式の再生産をのりこえてすすむ。(原注一〇)

このように資本による「自然の普遍的な領有」を称賛しているのとは対照的に、いくつかの他の著作では、とりわけ『資本論』第三巻における農業に関する記述においては、真にエコロジー的なアプローチに向かう重要な要素を見てとることができる。それは、資本主義の生産力主義がもたらす悲惨な結果に対する根本的批判として展開されている。フォスターがきわめて鋭く指摘したように、われわれはマルクスの諸著作の中に、資本の破壊的論理の結果として、人間社会と自然との間に**物質代謝の亀裂**が生じているという理論を見いだすことができる。(原注一一) マルクスの出発点は、ドイツの化学者・農学者であるユストゥス・フォン・リービヒ〈9〉の業績である。マルクスは彼に敬意を表して、「自然科学の立場からの近代的農業の消極的側面の展開は、リービヒの不朽の功績の一つである」と述べている。(原注一二)

物質代謝の亀裂―人間と環境との間の物質交換の裂け目―という表現は、たとえば『資本論』第三巻の四七章「資本主義的地代の生成」においても同じように見られる。

> 大きい土地所有は、農業人口をたえず低下していく最小限度まで減らし、これにたいして、大都市に密集する工業人口を絶えず大きくしていく。こうして大きな土地所有によって生みだされる諸条件は、生命の自然法則によって命ぜられた社会的な物質代謝の関連のうちに回復できない裂け目を生じさせるのであって、そのために地力は乱費され、またこの乱費は商業をつうじて自国の境界を越えてはるかに遠く運び出されるので

ある（リービヒ）。・・・大工業と、工業的に経営される大農業とは、いっしょに作用する。元来この二つのものを分け隔てているものは、前者はより多く労働力を、したがってまた人間の自然力を荒廃させ破滅させるが、後者はより多く直接に土地の自然力を荒廃させ破滅させるということだとすれば、その後の進展の途上では両者は互いに手を握り合うのである。なぜならば、農村でも工業的体制が労働者を無力にすると同時に、工業や商業はまた農業に土地を疲弊させる手段を供給するからである。(原注一二)

われわれが以下で議論する他のほとんどの例と同様に、マルクスの関心は農業と土壌疲弊問題に向けられている。しかし、マルクスはこの問題を、より一般的な原理、つまり「生命の自然諸法則」と矛盾している、物質代謝―すなわち人間社会と環境との間の物質交換システム―の亀裂と関係づける。たとえマルクスが展開できなかったとしても、二つの重要な示唆を書きとめておいたことには興味をかきたてられる。その二点とは、その亀裂のプロセスにおける工業と農業の協働、および国際貿易による全世界的規模での破壊の拡大である。

物質代謝の亀裂という問題は、『資本論』第一巻にあるもう一つの有名な一節、大工業と農業に関する章の結論部分の中にも見出される。それはマルクスの著作の中でもっとも重要なものの一つである。なぜなら、その中には「進歩」の諸矛盾、および資本主義支配のもとで自然環境に対して「進歩」がもたらす破壊的結末の諸矛盾についての弁証法的視点が含まれているからである。

資本主義的生産は、・・・人間と土地とのあいだの物質代謝を攪乱する、すなわち、人間が食料や衣料の形で消費する土壌成分が土地に帰ることを、つまり土地の豊穣性の持続の永久的自然条件を、攪乱する。・・・資本主義的農業のどんな進歩も、ただ労働者から略奪するための技術の進歩であるだけではなく、同時に土地から略奪するための技術の進歩でもあり、一定期間の土地の豊度を高めるためのどんな進歩も、同時にこの豊度の不断の源泉を破壊することの進歩である。ある国が、たとえば北アメリカ合衆国のように、その発展の背景としての大工業から出発するならば、その度合いに応じてそれだけこの破壊過程も急速になる。それゆえ、資本主義的生産は、ただ、同時にいっさいの富の源泉を、土地をも労働者をも破壊することによってのみ、社会的生産過程の技術と結合とを発展させるのである。(原注一四)

この重要な一節には、重要な意味を持つ要素がいくつかある。

［1］**進歩が破壊的なものになりうる**、つまり「進歩」が自然環境の劣化・悪化をもたらしているという考え方である。マルクスが選んだ例は限られている――土壌の肥沃さの喪失――が、それによって、マルクスは資本主義生産による自然への攻撃、「永久的自然条件」への攻撃

というさらに大きな問題を提起できた。

［2］労働者・自然からの搾取と労働者・自然の劣化が、同じ略奪的論理、つまり資本主義大工業と工業的農業の論理の結果として、同様の視点から提起されている。これは、『資本論』の中でたびたび登場する話題である。（ジョン・ベラミー・フォスター『マルクスのエコロジー』参照のこと）

プロレタリアートからの、そして土地からの残虐な資本主義的搾取の間に直接的な関連があることが、資本の支配に対する共通の闘いにおいて、階級闘争とエコロジー闘争をつなげる戦略のための理論的土台を作っている。

マルクスは「合理的農業は、資本主義体制とは両立せず・・・それは自分で労働する小農民の手かまたは結合した生産者たちの統制かを必要とするということである」(原注一五)と信じていた。資本の即時的論理と「合理的」農業の可能性との間には根本的対立がある。「合理的」農業は、ずっと長い時間をかけるもので、持続可能で世代を超えた展望を持っていて、自然環境を大切にするからである。マルクスは、ジェームズ・ジョンストンのような保守的な化学者でさえ、私的所有が真に合理的な農業に対する「克服しがたい限界」だと認めていることを喜んでいる。その理由は、以下の通りである。

資本主義的生産の全精神が直接眼前の金もうけに向けられているということ、このようなことは、互いにつながっている何代もの人間の恒常的な生活条件の全体をまかなわなければならない農業とは矛盾している。（原注一六）

マルクスによれば、この矛盾の際立った例は森林である。森林は、私的所有ではなく国家管理の下におかれている場合にのみ、全体の利益に合致して管理されるのである。森林破壊の問題は、土壌疲弊に次いで、マルクス・エンゲルスが議論したエコロジー的災厄の主要な例である。その問題は、『資本論』の中でしばしば議論されている。「耕作および産業一般の発達は昔から森林の破壊に非常に活動的に現れてきたのであって、これに比べれば、耕作や産業が逆に森林の維持や生産のためにやってきたいっさいのことは、まったく消えてなくなるような大きさのものである」（10）とマルクスは書いている。実際のところ、森林の劣化と土地の劣化という二つの現象は、直接に関係していると認識されている。『自然弁証法』の一節で、エンゲルスは、スペインのコーヒー大生産者によるキューバの森林破壊やその結果としての土壌の砂漠化を、「今日の生産様式」の性質に対する目先のことしか考えない略奪的な態度、そして自然環境への長期的に有害な結末に対する無関心の典型的な例として述べている。（原注一七）

もし、マルクスとエンゲルスが、自然に対する資本主義の破壊的力学について、明確で首尾一貫した分析を持っていれば、彼らが環境との関係で社会主義プログラムを理解した方法は内的緊張をはらんでいたに違いない。一方では、われわれがすでに見てきたように、社会主義的生産を、単に資本主義によって発展させられた生産力と生産手段の共同所有として考えているように思える記述がいくつかある。つまり、いったん資本主義生産関係―とりわけ所有関係―によって代表される「束縛」を廃絶しさえすれば、生産力は足かせなしに発展することができるだろうというのである。ここでは、資本主義生産機構と社会主義生産機構との間に一種の物質的な連続性があり、社会主義にとっての問題は、資本が作り出した物質文明を計画的・合理的に共同管理することであるかのようだ。たとえば、『資本論』第一巻での本源的蓄積に関する章の有名な結論部分において、マルクスは強調する。

資本独占は、それとともに開花しそれのもとで開花したこの生産様式の桎梏となる。生産手段の集中も労働の社会化も、それがその資本主義的な外皮とは調和できなくなる一点に到達する。そこで外皮は爆破される。資本主義的私有の最期を告げる鐘が鳴る。・・・資本主義的生産は、一つの自然過程の必然性をもって、それ自身の否定を生み出す。(原注一八)

この一節は、社会主義的視点からすれば、資本主義によって作り出された生産過程全体には手をつけずに、経済的進歩にとって障害物となった私的所有(「独占」)によって代表される「外被」にだけ異議を唱えているようにみえる。
同じタイプの一貫した論理は、エンゲルスの『反デューリング論』の中にも見出すことができる。その中では、社会主義は生産力の**無際限な**発展と同じ意味をもつものとして認識されている。

生産手段の膨張力は、資本主義的生産様式がそれにくわえている束縛を爆破する。この束縛から生産手段を解放することは、生産力が不断に、たえず速度をくわえつつ発展してゆくための、したがってまた生産そのものが実際上無制限に上昇してゆくための、唯一の前提条件なのである。（原注一九）

社会主義についてのこのような理解には、地球の自然的限界に対する関心が入り込む余地はほとんどない。しかし、マルクスやエンゲルスの他の著作には、社会主義プログラムのエコロジー的側面が考慮されており、したがってエコ社会主義的視点の土台を提供するものがいくつか含まれている。『資本論』第一巻の興味深い一節において、マルクスは、資本主義以前の社会においては、人間社会と自然との間の物質代謝は「自然発生的に」保証されていたが、社会主義社会（そういうことばは出てこないが、その意味は明らかだ）においては、自然との物質代謝は体系的・合理的な方法で再確立されるだろうと述べている。（原注二〇）マルクスは、この直感を発展させなかった。しかし、マルクスが、資本主義以前の社会における自然との自動的な調和を、新たな形態で、社会と自然との合理的・計画的な調和として再生することを社会主義の任務とみなしていたことは重要である。これは、たとえば、現在のラテンアメリカにおける先住民のエコ社会主義的闘争の文脈では、きわめて今日的意味のある議論である。

実際に、マルクスは自然条件の保護を社会主義に不可欠の任務と考えていた。たとえば、『資本論』第三巻において、マルクスは、土壌の乱暴な搾取や疲弊に基礎を置く資本主義の農業論理に対して、異なる論理、すなわち社会主義の論理を対置させている。その論理は、土壌を短期的な利益の源泉と考えるのではなく、「土地を、共同的永久的所有として、入れ替わっていく人間世代の連鎖の手放すことのできない存在・再生産条件として、自覚的合理的に取り扱うこと」〈11〉にもとづいている。第三巻のこれに先立つ部分にも非常に重要な記述があり、そこではもう一度、私的所有の廃絶を自然保護と直接に結びつけている。

より高度な経済的社会構成の立場から見れば、地球にたいする個々人の私有は、ちょうど一人の人間のもう一人の人間にたいする私有のように、ばかげたものとして現われるであろう。一つの社会全体でさえも、一つの国でさえも、じつにすべての同時代の社会をいっしょにしたものでさえも、土地の所有者ではないのである。それらはただ土地の占有者であり土地の受益者であるだけであって、それらは、良き家父として、土地を改良して次の世代に伝えなければならないのである。(原注一一)

言い換えると、マルクスは、ハンス・ヨナスがずいぶん後になって**責任原理**と呼んだもの、すなわち自然環境―未来の人間世代の存続条件―を尊重するという各世代の義務を十分考慮しているのである。

その上、同じ『資本論』第三巻において、マルクスは、社会主義を自然の「征服」あるいは支配と定義するのではなく、むしろ人間と自然との物質交換の合理的コントロールとして定義している。物質生産の領域では、マルクスは次のように書いている。

> 自由はこの領域のなかではただ次のことにありうるだけである。すなわち、社会化された人間、結合された生産者たちが、非理性的な力によって支配されるように自分たちと自然との物質代謝によって支配されることをやめて、この物質代謝を合理的に規制し、自分たちの共同的統制のもとに置くということ(原注一二)・・・。

この主張は、この種の問題を提起した二〇世紀最初のマルクス主義者の一人であるヴァルター・ベンヤミンによって、ほとんど一語一語受け入れられることになる。一九二八年、べンヤミンは自らの著書『一方通行路』の中で、人間が自然を支配するという考え方を、「帝国主義的教義」として非難し、その代わりに「人間と自然との間の関係を支配すること」という技術に関する新たな概念を提起した。(原注一二三) マルクスとエンゲルスの諸著作の中に、たとえ全般的で体系的な考察を欠いているにしても、自然環境問題への本当の関心を示す他の例を見いだすのは難しくない。最近書かれた非常に興味深い論文において、斎藤幸平は、マルクスの一八六八年以降の自然科学に関するメモが以下のことを示唆していると論じる。

マルクスの政治経済学批判が、もし完成されていれば、人間と自然との間の物質交換の攪乱を、資本主義に内包される基本的な矛盾として、もっと強く強調しただろう。(原注一二四)

そうかもしれないが、そのことは逆に、現存する不完全な状態では、マルクスの著作はエコロジー問題を「基本的な矛盾」として提起して**いない**ことを意味する。エコ社会主義者の中でのマルクスに関する議論を要約して、斎藤は(ジョン・ベラミー・フォスターの区分分けを用いて)「第一段階のエコ社会主義者」—アンドレ・ゴルツやジェイムズ・オコンナーなど—は、マルクスのエコロジー問題についての分析があまりに不完全で時代遅れなため、今日では現実的妥当性を持たないと信じていたと断言する。それとは対照的に、「第二段階のエコ社会主義者」—フォスター自らやポール・バーケットなど—は「マルクスのエコロジー

的な資本主義批判の今日的な方法論的重要性を強調している」というのだ。(原注一二五)

私は第三の立場（おそらく上記の二つのグループの中でも受け入れる人々がいることだろう）について、控えめな議論をおこなってみたい。つまり、マルクスとエンゲルスのエコロジー問題に関する議論は不完全であり、時代遅れではあるが、その不十分な部分にもかかわらず、今日において現実的な妥当性と方法論的な重要性を実際に持っているという立場である。言い換えれば、二一世紀のエコ社会主義者は、一九世紀のマルクスのエコロジー的遺産で満足することはできないということであり、そのいくつかの限界との間で批判的な距離をおく必要があるということである。しかし、他方では、現代の課題に向き合うことのできるエコロジー運動は、マルクス主義の政治経済学批判や資本の無際限の蓄積に内在する破壊的論理に関するマルクス主義の注目すべき分析抜きには存続することができない。マルクスや彼の価値理論、商品崇拝・物象化批判を無視する、ないしは嫌悪するエコロジー運動は、資本主義の生産力主義の「やり過ぎ」を「是正」するだけのものになってしまう運命にある。今日のエコ社会主義者は、①資本主義システムの倒錯した力学を真に唯物論的に理解するために、②資本主義による環境破壊の根本的批判を発展させるために、③地球上の生命の「奪うことのできない諸条件」を大切にする社会主義社会の展望を描き出すために、マルクスとエンゲルスのより先進的で首尾一貫した議論に立脚することができるのである。

ナオミ・クラインが力強く論じたように、気候変動は「何もかも変えてしまう」。気候変動は、

「地球」―メディアにおけるくだらない呪文―にとってではなく、地球上の**生命**、とりわけ**人間の生命**にとっての致命的な脅威なのである。エコロジー問題―なによりも、そしてそれだけではないが、破滅的な地球温暖化―はすでにそうなっているし、今後もそうなるだろうが、われわれの時代におけるマルクス主義思想再生の中心的課題である。エコロジー問題は、マルクス主義者に、直線的な進歩というイデオロギーや現代資本主義／工業文明を基礎づけるものとの根本的決別を要求している。マルクス・エンゲルスの「聖典」的な文章に見られる弱点は、資本によって作り出された生産力―すなわち、現代資本主義の技術・産業装置―に対する無批判的な視点である。そこでは、まるで生産力が「中立」的なものであるかのように、まるで革命が生産力を社会化し、私的所有を共同所有で置き換え、労働者階級に役立つように機能させさえすればいいかのように考えているのだ。

エコ社会主義者は、パリ・コミューンについてマルクスが述べたことからインスピレーションを得る必要がある。つまり、労働者は資本主義国家機構の所有者となることはできないし、それを労働者階級のために働かせることはできない。労働者階級は、「資本主義国家機構を破壊」して、根本的に異なった、民主的で非国家統制的な政治権力形態で置き換えなければならないということである。同じことは、**必要な変更を加えて**生産機構にも適用される。生産機構は決して「中立」ではなく、その構造の中に資本蓄積や市場の際限ない拡張に奉仕した発展の痕跡を残しているからである。このことによって、生産機構は環境保護の必要性や人々の健康と対立することになる。それゆえ、根本的転換の過程において、生産機構を「革命化」しなければならないのだ。もちろん、現代における多くの科学的・技術的成果は貴重であるが、生産システム全体が変換されなければならないし、その変換はエコ社会主義的方法によってのみ、すなわち主な生産手段の社会的所有およびエコロジー的均衡の保護を考慮する経済の民主的計画作成を通じてのみ、実現可能である。このことは何よりも、気候変動の破局的プロセスに責任がある化石燃料を、再生可能エネルギー源（風力・太陽光・水力）に急いで置き換えることを意味するだけでなく、破壊的な工業的農業を終わらせ、輸送システムや消費パターンを根本的に変えることなどをも意味する。言い換えれば、エコ社会主義とは、文明の資本主義的パターン全体との根本的な決別、つまり革命的な決別を意味するのだ。エコ社会主義は、新たな生産様式や新たな社会形態をめざすだけではない。結局のところ、自由・平等・連帯・「マザーアース」（「母なる地球」）への敬意という価値観にもとづく**新たな文明の枠組みや新たな生活方法**をめざしているのである。

（原注一）『共産党宣言』二〇二〇年、光文社、森田成也訳、六二〜六三ページ
（原注二）Foster, John Bellamy. 2000. *Marx's Ecology: Materialism and Nature*. New York: Monthly Review Press. p.135-140
（原注三）Saito, Kohei. 2016. "Marx's Ecological Notebooks." *Monthly Review* 67 (9).

http://monthlyreview.org/2016/02/01/marxs-ecological-notebooks/.

（原注四）ジョエル・コヴェル『エコ社会主義とは何か』二〇〇九年、緑風出版、戸田清訳、三六六ページ

［訳者］この部分の訳は以下の通り。

（マルクスが「プロメテウス的」だとする）非難の内容はマルクスが技術的決定論の、生産［力］主義の、進歩のイデオロギーの、そして田園生活と原始主義への敵意の擁護者だった—要するに、もっともひどい産業形態の啓蒙主義の古臭い考え方のままの伝道者だったとみなすものである。（　）内は訳者による

（原注五）『経済学・哲学草稿』一九六四年、岩波文庫、城塚登・田中吉六訳、一三三ページ

（原注六）『猿が人間になるについての労働の役割』一九六五年、大月書店、大月書店編集部訳、二〇～二一ページ

（原注七）『ゴータ綱領批判』一九七五年、岩波文庫、望月清司訳、二五ページ

（原注八）Burkett, Paul. 2009. *Ecological Economics. Toward a Red and Green Political Economy.* Chicago, IL: Haymarket Books. p.329

（原注九）『経済学批判』一九五六年、岩波文庫、武田隆夫・遠藤湘吉・大内力・加藤俊彦訳、一三～一四ページ

（原注一〇）『経済学批判要綱（草案）』第二分冊、一九五九年、大月書店、高木幸二郎監訳、

三三七〜三三八ページ
（原注一一）Foster, John Bellamy. 2000. *Marx's Ecology: Materialism and Nature.* New York: Monthly Review Press. p.155-167
（原注一二）『資本論』第1巻1、一九六八年、大月書店、大内兵衛・細川嘉六監訳、六五七ページ
（原注一三）『資本論』第3巻2、同上、一〇四一〜二ページ
（原注一四）『資本論』第1巻1、同上、六五六〜七ページ
（原注一五）『資本論』第3巻1、同上、一五三ページ
（原注一六）『資本論』第3巻2、同上、七九八ページ
（原注一七）『猿が人間になるについての労働の役割』二四ページ
［訳者］この部分を、上記訳書から引用すると、「個々の工場主または商人は、製造しまたは買い入れた商品に通常のちょっとした利潤をつけて売りさえすればそれで満足し、この商品やその買い手があとでどうなろうと気にかけない。その行動の自然的結果についても同じである。山腹の森林を焼きはらって、その灰のかたちで、たいへん儲かるコーヒー樹の一世代に施肥するのに十分な肥料を得たキューバのスペイン人の農園主―彼らにとっては、そのあとで熱帯の豪雨がいまやなんの保護もなくなった肥沃土をおしながし、裸の岩だけをあとに残したとて、それがなんであろうか?」とあり、アマゾン熱帯雨林の破壊を予見したかのような記述に驚かされる。

（原注一八）『資本論』第1巻2、同上、九九五ページ
（原注一九）『反デューリング論』二九一ページ
（原注二〇）『資本論』第1巻1、同上、六五六ページ
［訳者］この部分の日本語訳は以下の通り。
しかし、同時にそれ（資本主義的生産様式：訳者）は、かの物質代謝の単に自然発生的に生じた状態を破壊することによって、再びそれを、社会的生産の規制的法則として、また人間の十分な発展に適合する形態で、体系的に確立することを強制する。
（原注二一）『資本論』第3巻2、同上、九九五ページ
（原注二二）『資本論』第3巻2、同上、一〇五一ページ（一部、訳者が言い換えている部分あり）
（原注二三）『ベンヤミン・コレクション3　記憶への旅』「一方通行路」一九九七年、ちくま学芸文庫、浅井健二郎編訳・久保啓司訳、一三九ページ
（原注二四）Saito, Kohei. 2016. "Marx's Ecological Notebooks." Monthly Review 67 (9). http://monthlyreview.org/2016/02/01/marxs-ecological-notebooks/.
（原注二五）ibid.,

訳注

〈1〉プロメテウスは、ギリシア神話に登場する神。全知全能の神とされるゼウスを欺いて火を盗み、人間に与えたため、ゼウスの怒りをかい、コーカサス山の岩場に釘づけされ、ワシに肝臓を食われるという罰をうけた。プロメテウスが人間に火を与えたところから、「プロメテウスの火」といわれる。このようなプロメテウス像は、自然の支配・制御という人間中心主義の自然観の象徴であった。そこから、プロメテウス主義とは、科学を用いた人間による自然の支配を肯定する考え方を指す。

〈2〉斎藤幸平（一九八七〜）は、大阪市立大学経済学研究科准教授、日本MEGA編集委員会編集委員。二〇一八年にドイッチャー記念賞を受賞。著作に『大洪水の前に　マルクスと惑星の物質代謝』（二〇一九年、堀之内出版）、『資本主義の終わりか、人間の終焉か？ 未来への大分岐』（編著　二〇一九年、集英社）、『マルクスとエコロジー　資本主義批判としての物質代謝論』（共著　二〇一六年、堀之内出版）がある。

〈3〉テッド・ベントン（一九四二〜）はイギリスの社会学者。ベントンは、人間による自然の「支配」という考え方を否定して、人間による自然への「適応」を主張した。後述のグルトマンとの間で、イギリスの『ニュー・レフト・レヴュー』誌上において論争を展開した。この論争については、岩佐茂『環境の思想―エコロジーとマルクス主義の接点―』（一九九四年、創風社）一四五〜一五三ページを参照のこと。

〈4〉ライナー・グルントマン（一九五五〜）はドイツの社会学者。人間による自然の「支配」という考え方をマルクス主義の中に積極的に意味付けようとした。「人間が『自然の支配』と『人間中心主義』をむしろ徹底させるところに、資本主義が引き起こす環境問題の解決があるという。したがって彼は、徹底して人間中心主義に依拠するエコロジー的マルクス主義の立場であるといえよう。」（二〇一三年、島崎隆『人間―自然関係のより深い認識を―レイフィールド「マルクス主義と環境危機」を中心に』環境思想・教育研究第6号）。グルントマンのエコロジー思想については、以下を参照のこと。

島崎隆『環境問題における人間中心主義・自然の支配・技術のあり方―グルントマン「マルクス主義とエコロジー」を読む』（二〇〇八年、『環境思想・教育研究』第2号）
https://hermes-ir.lib.hit-u.ac.jp/rs/bitstream/10086/26925/1/0101402601.pdf

〈5〉『経済学・哲学草稿』同上、九四〜九五ページ

〈6〉同上、一三一ページ

〈7〉デヴィッド・リカード（一七七二〜一八二三）は、イギリスの経済学者で、近代経済学の創始者とも言われる。労働価値説、差額地代論、貿易における比較優位論などを展開し、マルクスの経済理論にも大きな影響を与えた。著作の日本語訳としては、『経済学および課税の原理』上下巻（一九八七年、岩波書店、羽鳥卓也・吉澤芳樹訳）、『デヴィッド・リカードウ全集』（一九七一〜九九年、丸善雄松堂、中野正訳）がある。

〈8〉フェルディナント・ラサール（一八二五〜六四）は、ドイツの社会主義者。一八四八年の三月革命に参加して捕らえられ、獄中生活を送った。ドイツ労働運動の指導者として、一八六三年に「全ドイツ労働者協会」を創設。彼の死後（一八七五年）、社会民主労働党（アイゼナッハ派）とゴータにおいて合同し、ドイツ社会主義労働者党が結成された。第六章の訳注〈7〉も参照のこと。著作の日本語訳としては、『憲法の本質・労働者綱領』（一九八一年、法律文化社、森田勉訳）がある。

〈9〉ユストゥス・フォン・リービヒ（一八〇三〜七三）は、ドイツの化学者。有機化合物の定量分析法を確立させるとともに、農芸化学の分野では、無機栄養説やリービヒの最小律などを提唱し、化学肥料を開発した。マルクスに多大な影響を与えた。リービヒがマルクスに与えた影響については、椎名重明『増補新装版　農学の思想　マルクスとリービヒ』（二〇一四年、東京大学出版会）、『「フラース抜粋」と「物質代謝論」の新地平』（二〇一六年、斉藤幸平、『マルクスとエコロジー　資本主義批判としての物質代謝論』所収）を参照のこと。

〈10〉『資本論』第2巻、同上、二九九ページ

〈11〉『資本論』第3巻2、同上、一〇四〇ページ

COP21 対抗市民サミットで「北極圏を守れ」と訴える
ノルウエーの環境保護グループ（2015 年 12 月フランス、パリ）
ⓒ teramoto

第六章　革命とは非常ブレーキである　ヴァルター・ベンヤミンの政治・エコロジー思想

ヴァルター・ベンヤミンは、一九四五年以前に、「自然に対する搾取」や文明と自然との「犯罪的な」関係に徹底的な批判を加えた数少ないマルクス主義者の一人だった。

ベンヤミンは、早くも一九二八年には、彼の著書『一方通行路』の中で、自然を支配することが、あらゆる技術の意味であるという考えを「帝国主義者」のものだと非難した。そして、技術というものは「自然と人間との関係を支配すること」であるという新たな概念を提唱した。このテキストの中ではじめて登場した革命の概念とは、破局プロセスを停止させるというものであった。そのプロセスは資本によって推進される技術進歩と密接につながっている。つまり、プロレタリアートによってブルジョアジーを廃絶することが、「経済と技術の発展の、おおよそ予測できる時点（インフレーションと毒ガス戦とによって予告されている）までに完遂されなければ、すべては失われてしまう。火花がダイナマイトに届くまえに、燃えている導火線を断ち切らなければならない」。〔原注二〕ベンヤミンは、インフレーションについては間違っていたが、戦争についてては間違ってはいなかった。毒ガスが第一次世界大戦のように戦場で使われるのではなく、ユダヤ人とロマを産業的に絶滅させるために使われることまでは予見できなかったのだが。

ベンヤミンは、『シュールレアリズム』という論文において、必然的な進歩というイデオロギーを批判して、革命家はペシミズムを組織する必要があると述べている。〈1〉ベンヤミンが皮肉を込めて書いているように、われわれが信頼できるものといえば、ドイツの巨大な資本主義化学産業複合体であるイー＝ゲー＝ファルベン〈2〉と第三帝国空軍＝ルフトヴァッフェの平和的整備だけなのである。ベンヤミンは自らの批判的見地のおかげで、直感的だが驚くべき鋭さをもって、工業文明・資本主義文明の危機の結果としてヨーロッパを待ち受けている破局を理解することができた。しかし、その時代でもっとも悲観的だったベンヤミンでさえ、第三帝国空軍がヨーロッパ諸都市の市民に爆弾を投下するという破壊行為を予見できなかった。いわんやＩＧファルベンがその一二年後、囚人を強制労働させて搾取するために、強制収容所の中に工場を建設するとは想像さえできなかったのである〈3〉。

　ベンヤミンが進歩という教義を拒否していたとしても、だからといってそのために彼が差し迫った惨事に対する根本的なオルタナティブ、すなわち革命的ユートピアを提案しないで済ますことはなかった。『パリ―一九世紀の首都』（一九三五年）でベンヤミンが書いたように、ある異なった未来について生まれた夢であるユートピアは、原史の諸要素、すなわち原初的な無階級社会の諸要素と密接に結びついている。集団の無意識のなかに貯蔵されている過去の無階級社会の経験は「新しいものと浸透しあって、ユートピアを生み出す」のである〈原注二〉。

　バッハオーフェン〈4〉についての論評『ヨハン・ヤーコプ・バッハオーフェン』（一九三五年）で、ベンヤミンはより独特な用語を使って前史時代に言及した。フリードリッヒ・エンゲルスは、母権制に関するバッハオーフェンの仕事に大きな関心を寄せていた。その一方で、アナーキスト思想家のエリゼ・ルクリュ〈5〉は、「原始共産主義」、つまり「権威という観念の転覆」を暗

示する、階級のない民主的で平等な社会を「呼び覚ます」ことに関心を示したのである。（原注三）
古代社会はまた、自然とのより大きな調和のもとにあった。『パサージュ論』の「ボードレール」の項において、ベンヤミンは人間による自然の「支配」と「搾取」に疑問を投げかけた。バッハオーフェンがそれまでに明らかにしていたように、ベンヤミンは、母権制社会において、自然は「贈り与える母」と考えられていたため、「自然の搾取という犯罪的な考え方」（原注四）――一九世紀以降支配的となった資本主義の、現代の概念――は存在していなかったと主張する。
ベンヤミンにとって、エンゲルスやリバタリアン社会主義者であるエリゼ・ルクリュにとってと同じように、それは有史以前の過去に戻るという問題ではなく、社会と自然環境との新たな調和の展望を提起するという問題だった。ベンヤミンに対して、そのように未来において自然と再び和解するという可能性をまとめて示してくれた人物はフーリエ〈6〉である。生産がもはや人間労働の搾取に基礎を置いていない社会主義社会においてのみ、「労働のほうも、人間による自然の搾取という性格を脱ぎ捨てるだろう。そうなれば労働は、フーリエにおいて調和人（アルモニアン）の『情念労働』の基礎となっている、子どもの遊びをモデルとしておこなわれるだろう。・・・遊びによって生気を吹き込まれたそのような労働は、価値の創出ではなく自然の改善をめざす（原注五）」。
彼の哲学的遺言である『歴史の概念について』（一九四〇年）の諸命題において、ベンヤミンはもう一度、フーリエのことを「労働は自然を搾取するのではなく、自然の胎内に可能性としてまどろんでいる創造物を自然から抽出する」（命題一一）役割を果たすと夢想していたユートピアンとして描いている。ベンヤミンは、マルクス主義をユートピア社会主義で置き換えたかったわけではない。彼はフーリエを、マルクスを補完する人物とみなしていた。そして、フーリエを称賛するその同じ一節で、労働の性質に関して体制順応的なスタンスをとる「ゴータ綱領についての」[7]マルクスの「見解」を援用する。（ヨセフ・ディーツゲン[8]に典型的な）社会民主主義的実証主義にとって、労働の新しい理解は、「のちにファシズムにおいて見（まみ）えることになる、技術万能主義的特徴をすでに示している。そうした特徴のひとつが自然の概念であって、その自然概念は、三月革命［一八四八年］以前の社会主義的ユートピアに孕まれていた自然概念と、不吉な対照をなしている」。この労働概念は「詰まるところ自然の搾取に帰するのであり、なのにそれを彼らはプロレタリアートの搾取に対立させて、おめでたい満足感に浸っているのだ」（原注六）。

一九四〇年の命題の中には、（ボードレールが彼の詩〝Les Correspondences〟の中で「一致」ということばに付与している意味での）神学と政治との間の一致が見いだされる。それは、「進歩」と呼ばれる嵐がわれわれを追い出した失われた楽園と原初時代の無階級社会との間の一致であり、さらに未来のメシア時代と社会主義という新たな階級なき社会との間の一致である。しかし、進行中の破局、「天にまで達する」瓦礫の蓄積、いわゆる「進歩」の結果をどのようにして食い止めることができるのだろうか?（命題九） 一九四〇年の命題の中では常にそうなのだが、ベンヤミンの回答は宗教的であり、かつ世俗的である。神学的領域ではそれはメシア（救世主）の任務である。世俗的な意味でそれと同等なもの、つまりメシアによる調停に「一致するもの」はほかならぬ革命なのである。メシアによって、そして革命によって進歩を止めることは、罪悪の継続と差し迫った新たな破局の嵐が人類にもたらした脅威に対するベンヤミンの回答である。われわれは「ユダヤ人問題の最終解決[9]」の開始からわずか数カ月しか経っていない一九四〇年にいるのだ。

『歴史の概念について』における諸命題では、ベンヤミンはしばしばマルクスに言及している。しかし、ある重要な点においては、『資本論』の著者から批判的な距離をとっている。「マルクスは、革命は世界史の機関車だと言った。しかしおそらく、事態はそれとは大きく異なっている。革命は、列車旅行をしている人類が非常ブレーキをかける行動なのかもしれない[原注七]」。そのイメージの中には、列車がすでに決められた鋼鉄製のレールの軌道上をそのまま進み、その疾走を止められないならば、われわれは破局、衝突、奈落の中に投げ出されてしまうということが暗示されている。

しかし、たとえそうであっても、もっとも悲観的なマルクス主義者であるベンヤミンでさえ、資本主義による自然の搾取と支配というプロセス—そして、壁崩壊以前の東側諸国におけるその官僚的模倣—が、どれほどまでに深刻に人類全体に対して破局的結末をもたらしているのかを予見することはできなかった。

われわれはいま二一世紀の初めにおいて、工業文明・資本主義文明という列車が一段とスピードを上げて奈落へと「疾走する」のを目撃している。その奈落とは、エコロジー的大惨事、つまり地球温暖化のもっとも劇的な拡大という奈落である。その列車が次第に加速していること、大惨事へと向かって目がくらむような速度で突進していることを心に留めておくことが重要である。

数年前、エコロジー破局の危険性に言及するとき、それは遠い将来のことであり、おそらく二一世紀末のことだった。ハンス・ヨナス〈10〉は、『責任という原理』の中で、まだ生まれていない世代の生命を守るようわれわれに呼びかけた。しかし、いまや気候変動のプロセスはさらに加速して、今後数十年間に何が起きるかを議論するところにまで至っている。実際のところ、破局はすでに始まっており、われわれはこの破局的なプロセスを遅らせ、スローダウンさせ、抑制しようとするために、時間と競走している。このプロセスは、地球の気温上昇だけでなく、広大な地域の砂漠化、海水面の上昇、海岸沿いの都市（ベネチア、アムステルダム、香港、リオデジャネイロ）の水面下への消滅という結果をもたらすだろう。

それは、あれやこれやの多国籍企業や政府が「悪い意思」を持っているという問題ではなく、無際限の拡大――ヘーゲルが「悪無限」と呼んだもの――および無際限の商品・資本・利益の蓄積に基礎を置く資本主義システムがもつ本質的に邪悪な論理の問題である。その論理こそが、必然的に環境を破壊しているのであって、気候変動に責任があるのだ。

コペンハーゲンでの国連気候変動会議（二〇〇九年一二月）は、資本主義世界の諸大国が地球温暖化への抜本的な挑戦にとりくむという能力を持たず、そのことに関心も持っていないことを示した。

部分的改革では完全に不十分である。問題となっているのは、革命による停止の必要性である。つまり、奈落に達する前に現代工業文明・資本主義文明という列車を止めることである。言い換えれば、利益という最小合理性を社会的・エコロジー的な最大合理性によって置き換えることが必要だということである。そのためには、文明のパラダイム（枠組み）の転換が必要である。

われわれは、革命とは何かについて、一段と根本的で深いビジョンを必要とする。それは、生産関係や所有関係を変えるだけではなく、生産力の構造そのものや生産機構の構造を変えるという問題である。パリ・コミューンの経験にもとづいて、マルクスが国家機構との関連で用いた論理が、同じようにこの（生産）機構にも適用されなければならない。マルクスによれば、労働者はブルジョア国家機構をそのまま借用して、それをプロレタリアートのために奉仕させることはできない。つまり、労働者は、ブルジョア国家機構を破壊し、異なった種類の権力を作り出す必要がある。その同じ論理を、現存する生産システム、つまり資本主義生産システムにも適用することができる。資本主義生産システムは、破壊されないにしても、少なくとも根本的に変革されなければならない。化石燃料に基礎を置いている現在の構造と機能においては、資本主義生産システムはエコロジー的に持続不可能だからである。エコ社会主義革命はテクノロジーの重大な方向転換を意味する。その方向転換では、現に使われているエネルギー資源を、それ以外の風力や太陽光のような汚染のない再生可能資源に置き換えることになるだろう。実際、エコ社会主義者の中には、（無料の）太陽エネルギーと社会主義との選択的親和性「互いに相手を選んで結びつく性質のこと」を見て、「ソーラー共産主義」について語る者もいる。

その際に最初にとりくまなければならない問題は、生産手段のコントロールという問題であり、とりわけ投資や技術変化にかかわる決定のコントロールという問題である。つまり、生産手段を社会の共有財産とするためには、そのような手段や決定を銀行やベンチャー資本家から奪いとらなければならない。根本的変革は、生産だけでなく消費にも及ぶことになるのは明白だ。しかしながら、ブルジョア文明・工業文明の問題は、環境保護論者がよく言うような、人々による「過剰な消費」にあるのではない。その解決策は、まず先進資本主義諸国において、消費を一般的に「制限」することではないのだ。問題にする必要があるのは、これみよがしの浪費、商業的疎外、脅迫観念による蓄積にもとづく現在の消費の性質なのである。

必要なことは、資本主義市場という生産・消費様式以外の基準、すなわち人々の真のニーズ（必ずしも利益を生むとは限らない）や環境保護という基準にもとづいて生産・消費様式を全面的に再組織化することである。言い換えると、社会環境や自然環境に応じて「調整された」（とカール・ポラニーなら言うだろうが）社会主義に向けた過渡期経済である。というのは、それが優先事項や投資について、市場原理や全能の政治局にではなく、人々による民主的選択に基礎を置くからである。さらに別のことばで言えば、以下の点を明確にした、地域レベル、国内レベル、そして最後には国際レベルでの民主的計画作成である。①どんな生産物に補助金を出すべきか、あるいは無料で配給すべきか？　②どんなエネルギーの選択が認められるべきか？　たとえ一見したところ「利益を生みだす」ようには思われないとしても。　③社会的・エコロジー的基準にしたがって、いかに輸送システムを再組織するのか？　④資本主義の「遺産」が残した大規模な環境へのダメージを、できるだけすみやかに修復するために、どんな段階を踏むことができるか？

この過渡期を通じて、新たな生産様式と平等で民主的な社会が実現されるだけでなく、貨幣、広告が人工的に生み出す消費パターン、環境に有害な商品の無際限な生産といったものを乗り越えたオルタナティブな生活様式、新たな文明、エコ社会主義が現実のものとなるだろう。

それはユートピアだって？　ユートピアはもともと「どこにもない何か」という意味なの

で、その意味においては確かにユートピアだろう。しかし、われわれがもはや、ヘーゲルのように「実在するものはすべて合理的である。そして、合理的なものはすべて実在する」とは信じていないのであれば、ユートピアに言及することなしに、どのようにして本質的合理性について考えることができるのか？　ユートピアが現実の矛盾と実際の社会運動に基礎を置いているならば、ユートピアは社会的変革には不可欠である。

こうした運動の中で、今日もっとも重要なものの一つは、先住民コミュニティの運動であり、とりわけラテンアメリカの先住民コミュニティの運動である。今年［二〇一〇年］、ボリビアのコチャバンバにおいて、エヴォ・モラレス大統領の呼びかけで、「気候変動とマザーアース（パチャママ）防衛に関する世界民衆会議」の会合が開かれたのは、決して偶然ではない。コチャバンバで採択された諸決議は、有史以前の社会が「寛大な母」とみなした自然と工業文明・資本主義文明との「犯罪的な」関係について、ほぼ文字通りヴァルター・ベンヤミンが議論したことに沿っている。

ベンヤミンは、破局に向かう疾走をやめさせるためには、革命が必要であると書いた。潘基文国連事務総長は、決して革命的というわけではないが、最近になってル・モンド紙（二〇〇九年九月五日付）で、疑いもなく世界の各国政府に言及しながら、「われわれは、足をアクセルの上から離さずに、奈落に向かっている」という分析を寄稿した。

ヴァルター・ベンヤミンは、破局を蓄積する破壊的な進歩を「嵐」と定義した。その同じ

「嵐」ということばが、NASAの気象学者であり、気候変動に関する世界でもっとも重要な専門家であるジェイムズ・ハンセンが書いた最近の本のタイトルに使われている（ベンヤミンによって鼓舞されたように思えるのだが）。二〇〇九年に出版されたその本のタイトルは『わが孫たちの嵐　来るべき気候破局の真実と人類を救う最後のチャンス』という。ハンセンもまた革命的ではない。しかし、来るべき「嵐」―このことばは、ベンヤミンと同じように、ハンセンもさらに恐ろしい何かを暗示して用いているのだが―についての彼の分析は、その明快さが印象的である。

人類は革命というブレーキをかけるのだろうか？　ベンヤミンは『歴史の概念について』において、あらゆる世代と同じく、われわれの世代にも「かすかなメシア的な力」が授けられていると書いている〈11〉。ベンヤミンが一九二八年に語っていたように、もし「経済・技術の発展の、おおよそ予測できる時点までに」、われわれがその力を実際に使わなければ「すべては失われてしまう」のである。

ヴァルター・ベンヤミンは預言者だった。ギリシャ時代の神官のように未来を見ようとする人ではなく、旧約聖書における預言者のように「未来の危険に人々の関心」を呼び起こす人だった。ベンヤミンの予言は、もしわれわれが・・・しなければ、何が起きるのかを見るという条件付きのものだった。未来はまだ開かれている。刻一刻と救済が出現しうる門は狭くなっているのだが。

（原注一）『ベンヤミン・コレクション３　記憶への旅』「一方通行路」一九九七年、ちくま学芸文庫、浅井健二郎編訳・久保啓司訳、一三九ページ、および九一ページ
（原注二）『ベンヤミン・コレクション１　近代の意味』「パリ—一九世紀の首都」一九九五年、ちくま学芸文庫、浅井健二郎編訳・久保啓司訳、三三〇ページ
（原注三）『ベンヤミン・コレクション５　思考のベクトル』「ヨハン・ヤーコプ・バッハオーフェン」二〇一〇年、ちくま学芸文庫、浅井健二郎ほか訳、三〇四～五ページおよび三〇八～九ページ
［訳者］フリードリヒ・エンゲルスがバッハオーフェンの母権制論に対して示した関心について、ベンヤミンはこの論文のなかで次のように述べている。

ここで、フリードリヒ・エンゲルスが『家族・私有財産・国家の起源』（一八八四年）［一九六五年、岩波文庫、戸原四郎訳、一四～一五ページ］のなかでこの問題について概観している箇所を引用しても不適切ではなかろう。この部分が同時にバッハオーフェンに対する真摯で冷静な評価を含んでおり、それが後にラファルグのような他のマルクス主義者たちにとっての導きになったことを思えばなおさらである。エンゲルスはこう言う。「バッハオーフェンによれば、男性と女性の社会的関係に歴史的変化がもたらされたのは、生活の現実的な条件の進歩それ自体によるのではなく、人びとの思考のなかにこの進歩が宗教的に反映された結果である。バッハオーフェンは、このよう考え方に沿って、アイスキュロスの『オレステイア』を、衰微しつつある母権制と、興隆の途上にあり、やがては勝利を収めることになる父権制との

ドラマティックな　記述としている。・・・この解釈は、初めて提起されたものではあるが、根本的に正しい。」

（原注四）『パサージュ論』第2巻、二〇〇三年、岩波現代文庫、今村仁司・三島憲一ほか訳、四一一～四一二ページ

（原注五）『パサージュ論』第2巻、四一一～四一二ページ

［訳者］原注四および五において、著者がベンヤミンから引用している部分を以下に紹介しておく。

自然との関係から労働過程を特徴付けるというやり方は、社会体制の刻印を帯びている。つまり、本来、人が搾取されていないとすれば、自然の搾取という非本来的な言い方をしなくても済むのである。こういう言い方は、原料はもっぱら人間労働の搾取にもとづく生産秩序をつうじてのみ、「価値」を受け取るのだという仮象を固定してしまう。このような生産秩序が終われば、労働のほうも人間による自然の搾取という性格を脱ぎ捨てるだろう。そうなれば労働は、フーリエにおいて調和人の情念労働の基礎となっている、子どもの遊びをモデルとして行われるだろう。遊びを、もはや搾取されない労働の規範として立てたことは、フーリエの偉大な功績の一つである。遊びによって生気を吹き込まれたそのような労働は、価値の創出ではなく自然の改善をめざす。こういう自然についてもまた、フーリエのユートピアは、子どもの遊びのなかで実際に実現されているような模範を提示している。それは、いたるところが経済の場［Wirtschaften］と化した地上のイメージである。ここではこの語の二重の

意味が効果を発揮する［Wirtschaften には「経済」のほかに「食堂・旅館」の意味がある］。つまり、あらゆる場所が人間によって手を加えられ、有用で美しいものにされているとともに、ちょうど道側の旅館のように、すべての場所がすべての人間に開放されているのである。そのようなイメージにしたがって整えられた地上ならば、「行為が夢の妹でない世界」（『悪の華』「聖ペテロの否認」）［『悪の華』はボードレールの詩集」の一部ではなくなるだろう。そのような地上では、行為は夢と姉妹のように親しい間柄になるだろう。（略）遊びという形で労働が展開されるためには、最高度に発展した生産力、今日ようやく人類のものとなりながら、その可能性とは反対の方向で、つまり真面目なことがらのために（いざというときのために）供されている生産力が前提となる。とはいうものの、生産力が未発達な時代においても、一九世紀以来支配的になっている自然の搾取という犯罪的な考え方は、けっして決定的なものではなかった。母権制を擁護してバッハオーフェンが展開したような贈り与える母のイメージが自然の支配的なイメージだったかぎりでは、自然の搾取という考え方はどこにも登場することはなかった。バッハオーフェン的な自然のイメージは、母という姿で、歴史のあらゆる変転を生き伸びてきたのである。

（原注六）『ベンヤミン・コレクション1　近代の意味』「歴史の概念について」六五六ページ。

［訳者］この命題一一でのベンヤミンの主張は、命題全体を読まないと理解しにくいかもしれない。ベンヤミンは、命題の冒頭部分で「社会民主党に当初から巣くっているコンフォーミズムは、

この党の政治的戦術のみならず、その経済学上の諸観念にもこびりついている。このコンフォーミズムがのちの崩壊の一要因となる。俺たちは流れに乗っているのだ、という考えほど、ドイツの労働者階級を堕落させたものはない。技術の発展を彼らは、自分たちが乗っていると思った流れの、その必然の道筋とみなしたそこから、工場労働―それは技術的進歩の成り行きの一環だった―は政治的成果の一つであるとする幻想までは、ほんの一歩でしかなかった。」（上記書）とドイツ社会民主党が技術の進歩を無批判的に賞賛したことを批判している。そして、労働を「すべての富とすべての文化の源泉」と定義した社会民主党ゴータ綱領に対して、労働者は「有産者の奴隷」になるしかないと述べたマルクスの反論を引用している。さらに、ヨセフ・ディーツゲンの「労働とは新時代の救世主にほかならない」という労働概念を「労働者が労働の生産物を手中にしえないかぎり、その生産物は労働者自身にとってどう役立つのか、という問いにはほとんどかかわりあおうとしない。この労働概念は、ただ自然支配の進歩だけを認めて、社会の退歩を認めようとはしないのだ。」（上記書）ときびしく批判する。本文中の引用はこれに続く部分である。ベンヤミンは、さらに、こうした実証主義的社会民主主義をフーリエと比較して、フーリエの労働観を「自然を搾取することからははるかに遠く、自然の胎内に可能性としてまどろんでいる創造の子らを自然がこの世へと産みおとす、その産婆役を果たすもの」（上記書）として称賛している。

（原注七）W. Benjamin, GS I, 3, p.1232.　これは『一方通行路』の準備メモの一つで、その本の最終バージョンには登場しない。ベンヤミンが言及したマルクスからの引用部は、『フランスの階級闘争』（一九六〇年、大月書店、中原稔生訳、一三六ページ）における「革命は歴史の機関車である」（「世界」ということばは、マルクスの原著には登場しないが）である。

訳注

〈1〉レヴィーがここで指摘しているのは、ベンヤミンが社会民主主義者のオプティミズム（楽観主義）を批判した次の箇所にもとづいている（『ベンヤミン・コレクション1　近代の意味』「シュールレアリズム」五一五～六ページ）。

こうした事情があるだけに、〈ペシミズムの組織化〉を目下の急務としているナヴィルの著書には、やはり別の空気が感じとれるのである。ナヴィルは彼の文学上の友人たちの名において、ひとつの最後通牒をつきつける。それに対してあの良心に欠けるオプティミズム、あのディレッタント的なオプティミズムは、あやまたずに旗色を鮮明にしなければならない。すなわち、革命の前提はどこにあるのか、志操を変えることにか、それとも外的状態を変えることにか、という問いである。これは政治と道徳の関係を規定する究極の問いであり、ごまかしの答えを許さない。シュルレアリスムは、この問いへのコミュニズムの立場からの回答に、ますます近づいてきた。これが意味するところは、全方面にわたるペシミズムである。そう、まったくそうなのだ。文学の命運への不信、自由の命運への不信、ヨーロッパの人びとの命運への不信、しかしなにより、あらゆる相互理解への、階級間の、民族間の、個人間の相互理解への、不信、不信、不信。そして無限に信頼できるものといえば、イー＝ゲー＝ファルベン株式会社と空軍力の平和的整備だけである。だがそれなら何をすべきか。そのとき何をすべきか。

〈2〉イー＝ゲー＝ファルベンは、一九二五年にBASF、バイエル染料といったドイツの六大化学企業などが大合同して形成された化学コングロマリット。ナチス政権発足時から政治的・財政的支援をおこない、ナチスの戦争経済にとって不可欠の存在だった。第二次世界大戦後に解体され、現在のBASF、バイエルなどが後継会社となった。

〈3〉イー＝ゲー＝ファルベンは、アウシュビッツ収容所内の「第三収容所（モノヴィッツ）」＝強制労働収容所の操業を担当し、ナチスの戦争経済を維持する上で不可欠な合成石油と合成ゴムを製造していた。

〈4〉ヨハン・ヤーコプ・バッハオーフェン（一八一五～八七）は、スイスの法学者、文化人類学者。人類史における乱婚制、母権制、父権制という段階発展説を主張し、現代にまで及ぶ大きな影響を与えた。彼の著書の日本語訳としては、『母権論―古代世界の女性支配 その宗教と法に関する研究』上下巻（一九九二年、白水社、吉原達也ら訳）がある。

〈5〉エリゼ・ルクリュ（一八三〇～一九〇五）は、フランスの地理学者。アナキズムの活動家・理論家でもあった。パリ・コミューンの闘争に参加して、軍法会議で無期流刑を宣告されるが、ダーウィンらの運動によって一〇年間の国外追放に減刑された。主著に『大地』『新世界地理』『地人論』『進化・革命・アナーキズムの理念』など。日本語訳としては、『アナキスト地人論―エリゼ・ルクリュの思想と生涯』（二〇一三年、書肆心水、石川三四郎訳）、『ルクリュの19世紀世界地理第1期セレクション』（二〇一五年〜、古今書院）などがある。

「ルクリュの思想の根本的なテーゼは、地球とは有機的全体であり、山地、半島、河川、海流はそれぞれの地球の器官である、ということだ。地球は生きている。だから地理学は地球の生理学に等しい（中略）。それは自由意志をもった人間も例外ではない。そこに住む気候や土地といった自然条件とは無関係でいられずに変化を被り、それに加え、人間は環境を改変していくことで大地に変化を与える。人間と地球は、そのような相互作用的な関係にある。」（荒木優太さんのサイト『エン・ソフ』、「在野研究のススメ vol.09：エリゼ・ルクリュ」、二〇一四年二月二二日）

〈6〉フランソワ・マリー・シャルル・フーリエ（一七七二〜一八三七）は、フランスの初期社会主義者。二千人程度の「協同体」（ファランジュ）＝農業中心に生産と消費を行う一種のユートピア社会を作ろうという運動を提唱した。のちの協同組合運動に大きな影響を与えた。マルクスからは「空想的社会主義者」として批判された。

〈7〉ゴータ綱領とは、一八七五年にドイツ中部のゴータにおいて開催されたドイツ社会民主労働党（アイゼナハ派）と全ドイツ労働者協会（ラサール派）との合同大会で決定されたドイツ社会主義労働者党の綱領。マルクスとエンゲルスは、ラサール主義への妥協的性格を厳しく批判した。

〈8〉ヨセフ・ディーツゲン（一八二八～八八）は、ドイツの社会主義者。鞣皮（なめしかわ）職人として働きながら、独学で哲学・経済学を研究し、マルクス・エンゲルスとは別個に弁証法的唯物論に到達したとされる。著作の日本語訳としては、『人間の頭脳活動の本質　他一編』（一九五二年、岩波文庫、小松摂郎訳）がある。

〈9〉「ユダヤ人問題の最終解決」とは、ナチスによるユダヤ人絶滅計画のこと。

〈10〉ハンス・ヨナス（一九〇三～九三）は、ドイツの実存主義哲学者。彼の著作『責任という原理　科学技術文明のための倫理学の試み』（二〇〇〇年、東信堂、加藤尚武訳）は、「今や地球の全生物圏を侵し尽くそうとする現代技術の暴走を、人類は制御できるか─科学文明が内包する発展至上主義を根底から批判し、生命の根元性の視点から、存在の未来に対する責任こそ、現代における基底倫理であることを告知・論証した、二一世紀人類に投じられた哲学的黙示録」（Amazonのサイトに掲載されている作品説明から引用）とされている。

〈11〉『ベンヤミン・コレクション1　近代の意味』「歴史の概念について」六四六ページ。

第七章　シコ・メンデスとアマゾンを守る闘い

アマゾン熱帯雨林は、地球生態系の均衡にとって決定的な構成要素である。現存する最大の生物多様性の複合体であるだけでなく、気候変動プロセスを緩和している二酸化炭素吸収の中心的要素でもあるからだ。したがって、熱帯雨林破壊に反対する先住民族や小農民コミュニティによる抵抗は、人類全体にとって不可欠の重要性を持っている。

抵抗運動は、ブラジルにおける軍事独裁の最後の数年間において、[1]最初は天然の生産物を採集して生活する小農民の中から登場してきた。小農民たちは、熱帯雨林を破壊するビジネスに関与しているブラジルや多国籍のアグリビジネス資本主義的諸勢力、すなわち木々を掘り起こしたり、燃やしたり、人々を追い出したりしたい牧場経営者、大豆栽培者、材木商人、あらゆる種類の大土地所有者に反対して、抵抗を始めたのだ。

シコ・メンデスはこの抵抗の指導者だった。彼はその後、伝説的な人物となり、ブラジル民衆のヒーローになった。しかし、多くの場合、彼の物語を描くときに、彼の闘いの急進的性格を隠そうとしたり、彼の闘いの持っていた二重の側面を無視したりしがちである。たとえば、社会自由主義的なエコロジストは、彼の社会主義とのかかわりを忘れているし、生産力主義的な左翼は彼のエコロジー的とりくみを無視している。

フランシスコ・アルヴェス・メンデス・フィーリョ（彼のフルネーム）は、一九四四年一二月一五日、ブラジルのアマゾン地域にあるアクレ州シャプリの町で生まれた。彼は最初、ブラジル教会基礎共同体（ＣＥＢｓ）[2]の「解放の神学」の文化のもとで教育された。

一九六〇年代に、古参の共産主義闘士であるエウクリデス・フェルナンデス・タヴォラの手助けで、彼はマルクス主義と出会うことになる。タヴォラは元陸軍中尉で、ルイス・カルロス・プレステス[3]にしたがって、一九三五年の「赤色」武装蜂起に参加した。この行動に参加したことで、タヴォラは何年も刑務所に入れられ、その後ボリビアに亡命した。秘密裏にブラジルに帰国したあと、タヴォラはアマゾン地域のボリビア国境近くに住んだ。このマルクス主義の見習い期間は、メンデスの政治思想の形成に決定的な影響を与えた。彼自身のことばによれば、タヴォラと出会うことによって「私は大いに助けられた。そして彼との出会いが、今日の私が闘いのなかにある理由のひとつだった。その時代には、すべての同志が、私のように未来にむけた重要な指導を受ける特典に恵まれたというわけではなかったのだ[4]」。

シコ・メンデスは、「セリンゲイロ」として、つまりアマゾン流域のゴムの木からラテックス[5]を集めることで生活する小規模ゴム樹液採取労働者として働いていた。一九七五年、彼はウイルソン・ピンヘイロとともに、ブラジレイア農業労働者組合を結成した。そしてその後すぐ、一九七七年に、彼が生まれた町でシャプリ農業労働者組合を結成した。

彼が、組合の同志たちとともに、前例のない形態の非暴力闘争である、有名なエンパッチ[6]をあちこちで用いはじめた時期には、何百人ものセリンゲイロが、妻や子どもたちとともに手をつないで、森林伐採をすすめようとする大企業のブルドーザーの前に武器も持たずに立ちふさがった。ゴム樹液採取者が敗北することもあったが、しばしば徒手空拳で、森林殺人者たちのトラクター・ブルトーザー・電気のこぎりを止めることができた。ときには、森林伐採に従事する労働者の支援をかちとることさえあった。

セリンゲイロや他の森の住人たちの敵は、大地主・アグリビジネス・木材輸出業者・(輸出用肉牛を飼育する)牧畜経営者だった。彼らは、木材を販売したり、森林を家畜のための牧草地に変えたりするために、木を切り倒そうとするからである。この強力な敵の政治的支部は、いわゆる「農村民主連合」(UDR)〈7〉とその武装私兵としての傭兵ジャグースである。さらに警察・裁判所・(地方・州・連邦)政府の中にも共謀者がいる。こうした期間に、シコ・メンデスは最初の暗殺の脅迫を受けた。〈8〉まもなくして、一九八〇年、闘いの同志だったウイルソン・ピンヘイロが殺害された。

彼の組合活動の最初の数年間において、メンデスは、確信を持った社会主義者として、ブラジル共産党(PCdoB)に入党した。この党は、古くからあるブラジル共産党(PCB)から分裂した毛沢東主義者の党だった。彼はすぐにこの党に失望した。というのは、彼が言うところでは、地主との闘争や対立のさなかに、この党が「カーテンの後ろに」いることを選択したからだった。一九七九年、彼は新しくできた労働党(PT)に入党した。労働党は、ルイス・イナシオ・ルーラ・ダ・シルバ(ルーラとして知られ、のちにブラジル大統領になった)と彼の同志たちによって創立され、シコは党の左派に所属した。一九八二年、彼は労働党の候補者として、州議会選挙に立候補したが、落選した。そのときにはまだ、労働党は創成期にあったからである。

一九八五年、独裁政権の終焉とともに、ゴム樹液採取労働者は、（カトリック）地区司牧者委員会、労働党、新しく作られた土地なき農民運動（ＭＳＴ）(9)の支援を受けて、セリンゲイロ全国評議会を組織することができた。より大きな勢力を築くために、メンデスはイニシアチブを発揮して、ナッツや他の生産物を採取することにより森で生計を立てていたセリンゲイロやその他の労働者を統合し、先住民コミュニティやさまざまな農民グループとともに、森林居住者連合を結成した。これまで何度も、お互いに相争ってきたゴム樹液採取労働者と先住民たちが、初めて共通の敵に対して自らの勢力を統一したのだった。シコ・メンデスは、この連合の根拠を以下のように定義した。「二度と再び、わが同志たちの一方が他方の血を流すことはないだろう。われわれはともに、自然や森を守ることができる。そこで、われわれ全員が、自然・環境・ここで生きるすべての生き物と共生しながら、生きること、子どもたちを育てること、われわれの能力を発展させることを学んできたのだ」(原注一一)。

シコは、現実的な行動者であり、オルガナイザー・闘士であり、識字キャンペーンのとりくみ、生活協同組合の設立、現実的な経済的オルタナティブの追求など、実践的で具体的な問題に関心を持っていた。そして、それだけではなく、ことばの崇高で革命的な意味において、夢想家であり、ユートピア主義者でもあった。彼の死後まもなく、シャプリ農業労働者組合の手で出版された彼の遺言は、社会主義と国際主義に裏打ちされ、未来の世代に向けたもので、感動なしには読むことができない。

よく聞いてくれ、未来を担う若者たちよ。二一二〇年九月六日は、世界社会主義革命の百周年記念日となっているだろう。世界社会主義革命は、社会主義的統一という一つの理想、一つの考えのもとに、地球上のすべての諸人民をひとつにした。そして、新しい社会に対するすべての敵を片付けた。ここでは、苦痛・苦難・死という悲しむべき過去は、記憶の中にしか残ってはいない。私を許してくれ。私がこの記念日のイベントについて語ったとき、私は夢を見ていただけだった。私はその記念日のイベントを見ることはできないだろう。しかし、私には夢を見る喜びがあったのだ。(原注一二)

森林居住者連合は、アマゾン熱帯雨林の条件に適合したある種の農地改革を提案した。それはエコロジー的で社会主義的な特徴を持っていて、土地は公的所有とし、農民と先住民コミュニティは土地を自由に使うことができる(使用権を持つ)というものだった。シコ・メンデスは、この闘いのエコロジー的側面を完全に意識していた。この闘いは、アマゾンの民衆だけでなく、地球の緑の「肺」としての熱帯雨林に依存する世界中の人々にかかわるものだったからである。彼が自伝の中で書いたように、「われわれは、アマゾン熱帯雨林の未来を確かなものとするためには、小規模な採取のみが許可される保護区を作らなければならないことを発見した。…われわれセリンゲイロは、アマゾンを脅かす、それゆえに地球上のすべての人々の生命を脅かす森林伐採をやめさせることが緊急に求められていることを理解している」のだった。(原注三)

一九八七年、アメリカの環境保護団体が、米州開発銀行の会合が開かれる前に、証言者として話しにきてくれるようシコ・メンデスを招待した。彼が率いる森林居住者連合の名前において、彼は国際的な銀行が融資したプロジェクトを非難した。そうしたプロジェクトは、アマゾン熱帯雨林のいくつかの区域を破壊していたからである。このとき以降、彼の名は広く知られるようになり、その年に国連環境計画グローバル５００賞を受賞した。森林居住者連合の闘いは、世界で最後に残された巨大な熱帯雨林を守るための地球的規模の動員のシンボルとなった。

一九八八年、ＣＵＴ（ブラジル労働組合連合）全国大会は、シコ・メンデスがセリンゲイロ全国評議会の名で提出した「自然と森の民の防衛」というタイトルのテーゼを採択した。その主要な要求は、エコロジー的であり、社会主義的でもあった。

> 紛争中のセリンガル（ゴム農園）の即時収用。それらは採取によって生計を立てている農民コミュニティに渡されるべきである。このようにすることで、自然や熱帯雨林諸部族の文化が侵略されることはなくなるだろうし、自然資源の持続可能な利用が可能と

なるだろう。それは、アマゾン熱帯雨林からの採取によって生活する人々によって、何百年も前に開発された技術のおかげである。(原注四)

森林居住者連合は、このとき、二つの重要な勝利をかちとった。一つは、アクレ州において小規模な採取活動のための熱帯雨林保護区を設定させたことであり、もう一つはシャプリに隣接するカショエイラにおいて、牧場主のダリ・アルヴェス・ダ・シルヴァが所有するセリンガルを収用したことだった。シコ・メンデスはこれを運動の重大な勝利だと考えた。

この運動の継続性を鼓舞するもっとも重要なものは、カショエイラのゴム樹液採取者の勝利だった。この勝利は、地域全体に積極的な影響を与えた。なぜならば、ゴム樹液採取者は、自分たちがもっとも強力な敵および血に飢えた殺人者たちからなるギャング集団と闘っていたことを知っていたからである。彼らは、自分たちが暗殺隊と闘っていたことを知っていたが、それでも彼らは恐れなかったのだ。何日もの間、森の中のピケットラインにはおそらく四〇〇人ものゴム樹液採取者が加わっていた。(原注五)

何世紀にもわたって何らとがめられることなく、「トラブルメイカー」(つまり、牧場主に反対して闘うために農村労働者を組織しようとする人々のこと）を「排除」することに慣れていた農村の支配層にとって、これは耐えられないことだった。一九八八年一二月、シコ・メンデスは、アルヴェス・ダ・シルヴァ一族の牧場主たちが雇った殺し屋によって暗殺された。

シコ・メンデス殺害のあとも、森林居住者連合は、浮き沈みはあるものの活動を継続し、数十年後の今もなお存続している。連合は、一般的尺度ではかれば、恐るべき破壊プロセスを阻止することはできなかった。しかし、社会主義とエコロジー、農地改革とアマゾン森林の防衛、農民と先住民の闘争、普通の地域住民の生き残りと人類にとっての遺産（資本主義的「進歩」によって未だ破壊されていない最大の熱帯雨林）保護とを結びつけたことによって、シコ・メンデスの運動は、ブラジルだけでなく多くの他の国々や諸大陸において、新たな闘いを鼓舞しつづける手本となった。シコ・メンデスのもっとも驚くべき功績は、かれが自らの闘いのエコロジー的側面をすばやく自覚して、他の者たちとともに、エコロジー的議論と土地所有権の要求との統合に成功したことにあった。森林居住者連合はその後すぐに、自然資源の持続的管理とローカルな実践・知識への敬意とを結合する社会的環境保護モデルによって象徴される、オルタナティブな発展モデルを推進する最前線に立つことになった。

〈原注一〉Chico Mendes, quoted by Ailton Krenak, coordinator of the União das Nações Indígenas (Union of Indigenous Nations) of Brazil. In *Chico Mendes* (São Paulo: Sindicato dos Trabalhadores de Xapuri, Central Unica dos Trabalhadores, 1989)

〈原注二〉Ibid

〈原注三〉Chico Mendes, *Chico Mendes por êle mesmo* (Rio de Janeiro: FASE, 1989), p.24

〈原注四〉Krenak, *Chico Mendes*, p.21

〈原注五〉Mendes, *Chico Mendes*, p.57

訳注

〈1〉一九六四年の軍事クーデターによって成立したブラジルの軍事独裁政権は、一九八五年の民政移管まで二一年間にわたって続いた。

〈2〉教会基礎共同体（ＣＥＢｓ）は、一九六〇年代以降、軍事政権下で「解放の神学」派の神父によって推進された貧しい民衆からなる信徒主導型の小さな共同体。

〈3〉ルイス・カルロス・プレステス（一八九八〜一九九〇）は陸軍士官で、一九二四年、下級将校の革命運動（テネンティズモ）に参加し、革命ゲリラ部隊を指揮した。その後、モスクワに行き、共産主義者となって、ブラジル共産党（ＰＣＢ）に入党。秘密裏に帰国して、一九三五年、ナタール、レシーフェ、リオデジャネイロでの反乱を指導したが、いずれも失敗に終わった。第二次大戦後、長く共産党の指導部にいたが、一九六四年の軍事クーデーターによりソ連に亡命した。

〈4〉シコ・メンデスとタヴァラとの出会いについては、『アマゾンの戦争　熱帯雨林を守る森の民』四八〜五八ページに、彼自身のことばによって詳しく述べられている。

〈5〉ゴム樹の樹皮を傷つけて流出する乳液。

〈6〉「エンパッチ」(enpate)とは、熱帯雨林の伐採に使われる重機の移動を家族ぐるみ、村ぐるみで阻止する闘いの戦術を指す。

〈7〉MST(土地なき農民運動)に対抗して、一九八五年に結成された大土地所有者を中心とする組織。

〈8〉この当時、エンパッチの成功に対して、牧場主たちはゴム採取者や小農民に脅しをかけるかわりに、運動の指導者を抹殺することで対抗した。この際、暗殺の犠牲者のもとには、あらかじめアヌンシオと呼ばれる暗殺予告がおこなわれた。これは死の瞬間を知らせておくことによって、苦痛を長引かせるのが狙いだった。(『熱帯雨林の死　シコ・メンデスとアマゾンの闘い』二〇五〜六ページ)

〈9〉MSTは一九八四年一月に結成された。ブラジルでは、植民地時代からの大土地所有制が強固に存在しており、ブラジルの全農地の六〇%を人口の五%にも満たない大地主が所有し、人口の二〇%強を占める零細農家はわずか〇・五%の農地を所有しているにすぎない。さらに土地を所有することができない、いわゆる土地なし農民といわれる農家も存在する。こうした状況の中で、耕作されていない私有地に入り込んでコミュニティを作り、そこで耕作を始める「土地なき農民運動」が一九七〇年代から展開されてきた。こうしたコミュニティのうち、政府から耕作権を得たコミュニティは「アセンタメント」、耕作権を得る前あるいは手続き段階にあるコミュニティは「アカンパメント」と呼ばれる。MSTは、その運動の中で最大の影響力を持ち、現在ブラジル全二六州のうち二三州で活動を展開しており、四〇万のアセンタメントと一五万のアカンパメントを形成し、約一五〇万人がこの運動に参加している。(『ブラジルにおける土地なし農民コミュニティに対する教育—土地なし農民運動（MST）に着目して』田村徳子、京都大学大学院教育学研究科紀要、二〇一三年、https://repository.kulib.kyoto-u.ac.jp/dspace/bitstream/2433/173245/1/eda59_263.pdf#search=%27%E5%9C%9F%E5%9C%B0%E3%81%AA%E3%81%8D%E8%BE%B2%E6%B0%91%E9%81%8B%E5%8B%95+%E3%83%96%E3%83%A9%E3%82%B8%E3%83%AB%27

第八章　先住民によるエコ社会主義的闘い

先住民コミュニティは、ラテン・アメリカにおける環境を守る闘いの中心となってきた。そう言えるのは、先住民コミュニティが、石油・鉱山多国籍企業に対して、川や森を守るローカルな行動を起こすとともに、新自由主義的でグローバルな資本主義の生活様式に対して、オルタナティブな生活様式を提起しているからでもある。先住諸民族がとりわけこの闘いを担っているのだが、多くの場合、土地なき農民、社会主義者、エコロジスト、キリスト教勢力と連合し、さらに労働組合、左翼政党、(カトリック)地区司牧者委員会、先住民宣教協議会の支援を受けて、闘争を展開している。

資本の力学はすべての共有財を商品へ転化することを要求する。そのことによって、遅かれ早かれ環境破壊が引き起こされる。石油産出が終わって多国籍企業に放棄されたあと、ラテンアメリカの産油地帯は汚染と荒廃にさらされる。そのうえ、住民の間に病気という厄介な遺産が残されるのだ。それゆえ、環境ともっとも直接に接して生活している人々がエコサイド(環境破壊)の最初の犠牲者であり、資本の破壊的な拡大を阻止しようとしている—ときにはそれに成功している—のは、きわめて当然のことなのである。

先住民による抵抗は、生存のための闘いにおいて、森と水資源を守るため、非常に具体的で急を要する動員をともなっている。しかし、先住民による抵抗はまた、これらコミュニティの文化・生活手段・精神性・価値観とマックス・ウェーバーが定義したような「資本主義の精神」(金銭勘定へのすべての行動の従属、唯一の価値基準としての収益性、すべての社会関係の数量化・物象化）との間の深刻な対立に由来するものでもある。つまり、先住民の倫理と資本主義の精神との間には一種の「負の親和力」がある。それは、プロテスタント倫理と資本主義の間にある同一方向の親和力とは正反対の、深刻な社会文化的な対立である。［資本主義］システムを取り入れて、そこから利益を得ようとする先住民コミュニティやメティスコミュニティ〈1〉があるのは確かだ。その上、先住民の闘いはきわめて複雑なプロセスをともなっていて、その中にはアイデンティティの再確立、発言のトランスコード、政治的道具化が含まれており、それらすべては綿密に検討されるべきものである。にもかかわらず、一連の一貫した対立が、先住民と現代資本主義のアグリビジネス・鉱山会社との関係の特徴であることは明らかである。

その対立には長い歴史がある。それは、アナーキストの作家であるB・トレイヴン〈2〉が書いた小説『白いバラ』の中で見事に描かれている。この小説では、北米のある巨大石油会社が、メキシコ先住民コミュニティのリーダーを暗殺したのちに、いかにして先住民の土地を強奪していったのかが書かれている。(原注一) しかし、その対立が激しくなってきたのはここ数十年間のことである。それは、資本の環境搾取が激しくなり、拡大してきたからであり、（この闘いに加わった）グローバル・ジャスティス運動やアメリカ大陸での先住民運動が高揚したからでもある。

ブラジル・アマゾンのベレンで開かれた世界社会フォーラム（二〇〇九年）

シコ・メンデスの暗殺から二十年後、アマゾンの森を守る闘いは拡大し、世界中のグローバル・ジャスティス運動のもとに組織されてきた。ラテンアメリカの先住民運動はしばしば、グローバル・ジャスティスをかかげたとりくみやポルトアレグレで開催された何回かの世界社会フォーラムに参加してきた。

しかし、決定的な瞬間は、二〇〇九年一月にブラジル・アマゾン第二の都市で、百万人以上の人口を持つ、パラ州ベレンで開かれた世界社会フォーラムだった。世界社会フォーラムの組織者が意図したように、グローバル・ジャスティス運動の中に、はじめて巨大な先住民コミュニティと伝統的人々〈3〉が突然に出現したのだった。彼らの要求と「西側資本主義文明の危機」という分析は、フォーラムでの討論すべての中心となった。世界社会フォーラムは、木材輸出業者、家畜を飼育する大土地所有者、大豆栽培企業、石油企業によって加速されている森林破壊に直面して、先住民らのスローガン「森林伐採を今すぐやめろ！」（Zero Deforestation Now!）を採択した。

先住民参加者による総会は、重要な文書である『世界社会フォーラムにおける先住民宣言西側文明の資本主義的危機に対する先住民からのアピール』を承認した。このアピールは、アメリカ先住民出身者が人口の多数を占める国々、つまりペルー、エクアドル、ボリビアといったアンデス諸国の諸組織によって提案され、主に南北アメリカの数十の農民組織、先住民組織、グローバル・ジャスティス運動の諸組織がアピールに署名した。この宣言はこれまで支配的であった「進歩的」回答と決別するものだ。その「進歩的」回答なるものは、国家の支配を正当化し強めようとしており、経済再生計画に基礎を置いているからである。宣言の目標は、「マザー・アース」を守ることによって生命の商品化に抗して闘うことであり、集団的権利、「良く生きる」こと、脱植民地のための闘いである。それらはすべて西側資本主義文明の危機に対する回答なのである。

世界社会フォーラムの期間中、数百人の人々が署名した、気候変動についての国際エコ社会主義者宣言が参加者に配布された。世界社会フォーラム終了後、二〇〇九年二月二日に、エコ社会主義者会議がベレンで開かれ、ペルーからは先住民の代表が多数参加した。ペルーの先住民代表団は、ウーゴ・ブランコとマルコス・アラナによって率いられていた。ウーゴ・ブランコは、ペルーの農民・先住民闘争の歴史的指導者で、ペルー制憲議会の前議員だった。また、マルコス・アラナは、解放の神学および先住民運動とつながる司祭で、二〇〇四年にはペルー国民人権賞を受賞したが、彼の社会・政治的関与のゆえに教会ヒエラルキーからは排除されていた。ウーゴ・ブランコは、彼のプレゼンテーションの中で、先住民コミュニティが何世紀にもわたって、エコ社会主義と同じ目標のために闘ってきたこと、とりわけ農業協同組合とマザー・アースの尊重のために闘ってきたことを思い出させた。

さまざまな国際組織の内部で、ローカルなレベルからグローバルなレベルに至るまで、先住民の人々と地域がますます重要な位置を占めるようになっているが、そのことは、結局のところ、ラテンアメリカにおけるエコロジー的・政治的プロセスの独自性を象徴している各国の闘いの中に表現されているのである。

各国の闘いの例　ペルー　二〇〇八年～二〇一二年

ラテンアメリカ鉱山紛争（ＯＣＭＡＬ）のサイトには、驚くほど多くの紛争がリストアップされている。こうした紛争において、メキシコからティエラ・デル・フエゴ（フエゴ諸島）に至る先住民コミュニティと農民コミュニティは、主要には北米とヨーロッパの多国籍企業であるさまざまな石油会社・鉱山会社に対して闘っている。

ペルーにおける二つの例は、こうしたタイプの闘いの発展力学を説明するものだ。ペルーは、ボリビアやエクアドルと同様に、人口の過半数が先住民出身であるラテンアメリカの国である。しかし、他の二つのアンデス諸国とは違って、ペルーの先住民運動は真の政治的変化を起こしたり、彼らの社会・文化的要求を認めさせたりすることに成功してこなかった。にもかかわらず、こうした運動は、環境破壊に責任のある多国籍企業やそれらを支援する政府に対して、長年にわたって粘り強い闘いを続けてきた。最近の二つの例はこれらの争いを示すものである。

二〇〇八年六月、政府と先住民との衝突がペルーのバグアで起こった。石油企業や木材輸出企業がアンデスとアマゾンの森林を伐採するのを認可するために、アラン・ガルシア新自由主義政権が出したアメリカ・ペルー自由貿易協定を発効させる法令に反対して、コミュニティが立ち上がった。ガルシア政権は、ペルー熱帯雨林地域開発民族連合（ＡＩＤＥＳＥＰ、アマゾン先住民コミュニティーの中心組織）による抵抗を激しく弾圧した。その結果、多くの死者が出た。〈4〉

二〇一一年、民族主義者のオジャンタ・ウマラ候補が当選して政権交代が起きた。彼は、前任者による新自由主義的政策と多国籍企業の利益への服従を撤回することを約束していた。彼は前任者から、鉱山会社のヤナコチャ（北米の多国籍企業ニューモントが所有する企業で、他の国々で、地元企業と提携して、過去に汚染や人権無視をおこなってきたことで知られている）に露天掘り金鉱の採掘を認めるコンガ・プロジェクトを引き継いだ。

コンガ・プロジェクトの予測できる結果は、河川の汚染（というよりは有毒化）であり、直接的には地域コミュニティの存続を脅かすことである。事態を憂慮したコミュニティは、次第にプロジェクトに反対する動員を発展させ、「水にイエス、金（きん）にノー！」のスローガンを掲げて結集した。先住民と農民の女性たちが最前線に立ち、「コンガにノーを！」というバナーに続いて数万人が参加したデモを組織した。〈5〉ブランコやアラナのような先住民指導者は、この闘いに連帯を表明し、この闘いが国際的な認知を得られるように努力した。市民社会によって支援された先住民コミュニティの抵抗に直面して、ウマラ政権は二〇一二年、軍事弾圧で厳しく対処することを選択し、数人のデモ参加者を殺害するとともに、カハマルカ市長を地域のコミュニティーを支援した罪で投獄し、（最近になって）武装警察によってマルコス・アラナを公然と殴打させることさえした。抗議行動がラテンアメリカ全域で起こり、ヨーロッパにも及んだ。ＯＣＭＡＬは、デモ参加者の殺害と二人の人権派弁護士の拘束を非難した。この事件は、さまざまな政治党派で構成されるペルー政府の「新資源収奪主義」的論理、そして弾圧の論理を明らかにするとともに、先住民の強固な闘いを示すものでもある。（原注一二）

ヤスニ国立公園プロジェクト　エクアドル　二〇〇七年〜二〇一三年

ラテンアメリカにおける先住民運動とエコロジストによる最も重要な行動の一つが、エクアドルのヤスニ国立公園プロジェクトである。その公園は広大であり、九二八〇平方キロの原生林が広がっている。きわめて豊かな生物多様性に富む地域で、植物学者によれば、この森林一ヘクタールにはアメリカ合衆国全体よりも多くの種の樹木が含まれているという。その中には先住民コミュニティが存在しており、境界線上に三つの小都市―イシュピンゴ、タムボコチャ、チプティニーがあるため、省略してITTと呼称されている。ヤスニ地区での試掘のあと、さまざまな石油会社（その中には特にテキサスのマーカス・エネルギー社が含まれていた）が、推定八・五億バレルの埋蔵量を持つ三つの巨大油田を発見した。一九八〇年代と九〇年代において、エクアドルのこれまでの政権は、テキサコに採掘権を与えていたが、先住民コミュニティの抵抗によって、採掘の多くが阻止され、採掘による破壊は限定的なものだった。

先住民運動の提案は、国際社会からの補償と引き換えに、石油を地中に留めたままにしておくことであり、その結果として四億トンの二酸化炭素排出を回避することであった。具体的には、富裕国が一三年間で約三五億ドルにおよぶ採掘想定収入の半分に責任を持つとされた。資金は国連開発計画（UNDP）によって管理される基金に支払われ、生物多様性保護と再生可能エネルギー開発に限定して充てられることになっていた。

先住民運動と環境保護運動が中心となってこのプロジェクトを進めていたが、二〇〇七年にラファエル・コレアが当選して、ようやくこのプロジェクトが当時の鉱業大臣アルベルト・アコスタの主導で実行に移されることになった。ヤスニ・プロジェクトは、少なくとも、効果のある方法を提起することによって、つまり石油を地中に留めておくことを提起することによって、気候変動に対する闘いの緊急性に実際に対応した、国際的には数少ないイニシアチブの一つだった。この方法は、京都議定書での「排出権市場」や他の「クリーンな成長メカニズム」よりもずっと有効である。というのは、それらによっては、温室効果ガスを顕著に削減することがまったく不可能だからである。(原注三) ヤスニ公園の場合、ほとんどの先住民の闘い、とりわけアマゾン地域での先住民の闘いと同様に、独占的化石燃料企業の破壊的貪欲さから環境を守る地域コミュニティの闘いは、二一世紀の大きなエコロジー的目標、つまり地球上の人類が今まで知らなかったような最大の脅威である地球温暖化阻止と完全に一致していた。

北の諸国は、温室効果ガスを削減する手段を講じなければならないのだが、異端とも言えるエクアドルの提案にあまり関心を示さなかった。いくつかのヨーロッパの国々(スペイン、イタリア、ドイツ)が、合計で三〇〇万ドルを拠出した。なんと先の長いことか! さらに、いくつかの国(とりわけイタリアとノルウエー)が一億ドルのエクアドル対外債務を帳消しにした。(原注四) こうした力の入らない反応に直面して、ラファエル・コレアは二〇一三年九月、プロジェクトを放棄し、公園を石油会社に開放することを決定した。しかしながら、先住民族、農民、エコロジストらは、左翼の支持を得ながら大きな動員をおこなってその決定に抗議し、この問題についての国民投票を呼びかけた。

もし富裕国がプロジェクトにほとんど熱意を見せなかったとすれば、それはプロジェクトが彼らの優先する「市場メカニズム」と無縁のものであったからだけではなく、結局のところ、このイニシアチブの波及効果を恐れたからでもある。ヤスニへの資金投下に合意すれば、何百という同様のプロジェクト、つまり先進資本主義国が選択してきた政策と完全に矛盾するプロジェクトへの扉を開くに等しくなるだろう。さまざまな気候会合で、先進資本主義諸国のとった選択（あるいは、何も選択しないこと）が、こうした事情をはっきりと物語っている。こうした会合では、北の諸国が方向を変える能力を持っていないことが明白になっている。さらにこの能力の欠如は、南アメリカ民衆による注目に値する反撃を呼び起こし、二〇一〇年、コチャバンバでの気候変動に関する世界民衆会議の組織化へと具体化していった。

気候変動に関する世界民衆会議　二〇一〇年、ボリビア、コチャバンバ

コペンハーゲンにおける国連気候変動会議（二〇〇九年）開催中に、ボリビアの先住民出身大統領エヴォ・モラレスは、「気候を変えるのではなく、システムを変えよう」というスローガンのもとにデンマークの首都の街頭でおこなわれたデモを支持した唯一の政府首脳だった。

コペンハーゲン会議の失敗を受けて、気候変動とマザーアースの権利に関する世界民衆会議が、モラレスのイニシアチブで、二〇一〇年四月、ボリビアのコチャバンバで開催された。二〇〇〇年代のはじめ、この都市は水道民営化に反対する輝かしい闘争（いわゆる「水戦争」）の舞台だった。[6] 二万人以上の参加者が世界中から集まった。しかし、半数以上はラテンアメ

リカのアンデス諸国からだった。多数の先住民代表も参加した〈7〉。会議が採択した決議は、大きな国際的反響を呼んだが、決議が使っている用語という点でさえ、先住民運動のエコロジー的・反資本主義的考え方を表現している。この文書から引用してみよう。

資本主義システムは、競争、進歩、際限なき成長という論理をわれわれに押しつけてきた。この生産・消費体制は、限りない利潤を求め、人間を自然から切り離し、自然に対する支配という論理を押し付け、すべてを商品へと変えてきた。水、大地、人の遺伝子、先祖からの文化、生物多様性、正義、倫理、諸国民の権利、そして生命そのものを商品としてきたのだ。

資本主義のもとで、マザーアースは原材料源へと変えられ、人間は消費者や生産手段へと変えられ、かつ、どんな人であるのかではなく、何を所有しているかによってのみ価値あるとみなされる人へと変えられている。

資本主義は、民衆の抵抗を抑圧しながら、資本主義的蓄積プロセスや領土・自然資源支配の押し付けのために、強力な軍事産業を必要としている。それは、地球の植民地化のための帝国主義的システムである。

人類は大きなジレンマに直面している。資本主義、略奪、そして死の道を続けるのか、それとも自然との調和、生命の尊重という道を選ぶのか。

自然との調和、人間同士の間での調和を回復する新たなシステムを築き上げることが絶対に必要である。そして、自然とのバランスが存在するためには、まず人間の間での公正がなければならない。

われわれは、世界の諸国民に対して、先住民族の知識・知恵・伝統的な慣行を回復・再評価し、強化することを提案する。それらは、「良く生きる」という考え方と実践において確認されてきたものであり、マザーアースを、われわれが、不可分の、相互に依存した、補完的な、そして精神的な関係を持つ生きるものとして認識しているのだ。（原注五）

ラテンアメリカの左翼知識人の一部が批判してきたように、「マザーアース」（アイマラ族やケチュア族の先住民言語では「パチャママ」と呼ぶ）という概念の神秘主義的で混乱した側面を批判することは可能である。また、法律家が指摘してきたように、「マザーアースの権利」に適切な法律的表現を与えることは不可能だと指摘することもできるだろう。にもかかわらず、そうすることは、本質的なポイント、つまりこうしたスローガンに結晶化されている、力強く、本質的に反システムである社会的発展力学を見逃すことになるだろう。

過去数年間において、先住民の言説に現れた用語の中で、広く受け入れられているように思えることばに、「良く生きる（カウサイ・スマクあるいはブエン・ビビール）」がある。これは、成長・拡大・「発展」という資本主義的カルト（これに「いつももっと多く」という消費者の強迫観念がともなう）とは正反対のものとして、真に社会的なニーズの充足と自然への敬意に基礎を置く「良い生活」についての**質的**な概念である。「マザーアースの権利」と「ブエン・ビビール」という概念は、先住民や環境保護潮流だけでなく、グローバル・ジャスティス運動全体へと急速に広がった。ついに、こうした概念は、ボリビアとエクアドルの進歩的政府によって、両国の憲法に盛り込まれるに至った。

こうした先住民族の闘い、会合、オルタナティブな提案の例は、ポスト化石燃料への移行にむけた道筋や発展のオルタナティブなモデルを約束しているように思える。それらは、このシステム危機の時代にあって、これまで以上に欠けているものである。しかし、こうした前進があるからといって、運動の矛盾を隠したり、とりわけ政府の矛盾をおおい隠したりすることは許されるべきではない。

南アメリカ左派政権の矛盾

多くのラテンアメリカ諸国には、左派政権や中道左派政権があるが、そのほとんど―ブラジル、ウルグアイ、ニカラグア、エルサルバドル、チリなど―は**社会自由主義**の枠を超えてはいない。つまり、銀行・多国籍企業・アグリビジネスの利益を優先するという、新自由主義の正統的考え方の枠内にとどまっているのである。だが同時に、もっとも社会的に恵まれない諸階層の利益のための収益再分配を実行してはいる。エコロジーは、こうした政府にとってまったく優先事項ではない。彼らの主な目的は、資本主義、すなわち「成長」と「発展」のままである。

ブラジル政府は、最初はルイス・イナシオ・ルーラ・ダ・シルヴァ（労働党党首の「ルーラ」）のリーダーシップのもとで、さらに同じ党のディルマ・ルセフ大統領のもとで、こうした政策をおこなった典型例である。シコ・メンデスの友人であるマリナ・シルヴァは、二〇〇八年、アマゾン森林の保護に対する最低限の保証を取り付けることができなかったことを挙げて、環境大臣を辞職した。小農民農業ではなく、アグリビジネス（輸出用の大豆・家畜・サトウキビの巨大な資本主義的生産者）を優遇することで、ルーラとディルマは大規模な環境破壊の拡大を容認した。

環境や先住民に対して有害なブラジル政府の選択の一つのシンボルは、ベロ・モンテダムの建設である。このダムは世界で三番目に大きなダムコンプレックスになる予定である。シングー川流域に居住する伝統的な人々による、三〇年間にわたる激しく、実に巧みに組織された闘いにもかかわらず、建設は進行中である。〔原注六〕〈8〉ブラジルはまた、海面下数マイルの海底で発見された巨大油田から石油を採掘するという危険な巨大プロジェクトにも着手している。このような深海の海底岩塩層の下から石油を掘削する試みはいまだかつてなかった。〈9〉これは容易に、メキシコ湾での最近の流出事故を超える大量の石油流出事故につながる恐れがある。

人が住んでいないため、このプロジェクトに反対する動員はより一層難しいが、このプロジェクトによって、ブラジルの地球温暖化への加担はさらに大幅に高まるだろう。ブラジルの労働組合や社会運動は、多国籍企業に掘削権を認めることには抗議したが、プロジェクトそれ自体に反対したのはごく一握りのエコ社会主義者だけだった。

しかしながら、ベネズエラ、ボリビア、エクアドルなどいくつかの諸国では、新自由主義政策と決別しようとする試みがおこなわれ、独占企業や多国籍企業の利益と対立することになっている。こうした反帝国主義的・反独占的な政府はすべて、エコロジー的挑戦の重要性を認識していて、環境を保護するための手段をとる方向に向かっている。しかし、こうした三カ国の政府予算はすべて、化石燃料（天然ガスと石油）、つまり気候変動に責任のある燃料からの収益に完全に依存したままである。ベネズエラ政府は、ほとんどこの問題について検討してこなかった。採掘地点には、かなりの人口を持つ先住民や組織された先住民がいないことが、この欠落の一つの理由である。確かに、チャヴェス政府は、小規模漁業の利益のために（海洋動物相を破壊する）工業的漁業を禁止することによって、重要なエコロジー的手段を講じた。しかし、石油採掘は、「もっとも汚い」形をとっているものも含めて、妨げられることもなく続けられている。そして、代替エネルギーを開発する努力はほとんどおこなわれていない。

二つのアンデス諸国、ボリビアとエクアドルでは、「新資源収奪主義なのか、環境なのか」

という選択をめぐる議論が、社会的・政治的対立の核心に存在している。ボリビアでは、気候変動に反対し、マザーアースを守る闘いへのエヴォ・モラレスの関与は、ボリビア政府の具体的な実践に必ずしも対応してはいない。ボリビア政府は、ガス生産や鉱山開発が重要な位置を占める成長戦略に未練を持っているからである。

最近では、広大な原生林地域を横切るハイウエーを建設するプロジェクトが、地域の先住民コミュニティからの精力的な抵抗を引き起こし、プロジェクトの（一時的）中断へと導いた。副大統領のアルバロ・ガルシア・リネラは、若い頃には先住民によるトゥパック・カタリ・ゲリラ軍[10]に加わって闘ったという罪で長年獄中にあった人物なのだが、抵抗しているコミュニティに対して、外国の利益に奉仕するためにNGOによって操られており、進歩と国家発展の敵であるという烙印を押した。

エクアドルの例は、そうした進歩的政府がいかに簡単に石油の利益のために環境を犠牲にすることができるかを示した。ヤスニ・プロジェクトを放棄することによって、そして森林を独占的な多国籍化石燃料企業のために開放することによって、ラファエル・コレアは、こうした政権が首尾一貫したエコ社会主義的政策という観点から見て限界を持っていること、短期的利益を好む傾向があること、そしていかなる犠牲を払ってでも「成長」しなければならないという至上命令に屈服していることを示している。

エコ社会主義者や反資本主義者にとって、右翼・寡頭制・親帝国主義的な敵対者に対しては、いかに限界や矛盾があったとしてもこれらの政権を支持することは理にかなったことではある。しかし、これらの経験が有効な社会主義的・エコロジー的観点といかにかけ離れたものかを考えると、それは批判的支持にとどまるだろう。

確かに、ベネズエラ・ボリビア・エクアドルの政府に、ただちに石油（あるいは天然ガス）生産をやめるよう求めることは現実的ではない。現在において、これがこれらの政権による重要な社会プログラムの主要な財源になっているからである。しかし、化石エネルギーを地中に埋蔵されたままにしながら、未採掘の石油への補償を求めることで北の富裕国に圧力をかけることにより、世界の他の部分に対して気候変動といかに闘うかについての積極的な例を示すために、ヤスニ公園プロジェクトのような特別な地域に関する何らかの部分的イニシアチブを取ることはできたのである。

こうしたことは、（たとえば、遺伝子組換え作物・毒性をもつ農薬・水を汚染する鉱山・森林伐採などを中止させるなどの）社会的・エコロジー的な施策とともに、左派政権に対する自立した社会運動と世論の十分な圧力があってはじめて実現できるだろう。先住民コミュニティは、自立性を維持し、いかに進歩的・反帝国主義的な政府であっても政府に従属することを拒否し、広範で系統的な、反資本主義的でエコ社会主義的な課題を発展させることで、純粋にローカルな展望から脱することができるならば、ここで決定的な役割を果たすことができる。二〇一〇年のコチャバンバ会議は、その限界にもかかわらず、これが可能であることを示している。農民運動・労働組合・青年のネットワーク・環境保護活動家・フェミニスト・エコ社会主義者などとの大きな連合を作ることが、先住民コミュニティが有効性を発揮する上での鍵でもある。もちろん、成功する保証はないが、先住民コミュニティはラテンアメリカにとってのオルタナティブな道筋の希望を表現しているのである。

結論

先住民コミュニティは、多国籍化石燃料企業・鉱山会社・アグリビジネス企業といった強力な敵に抗して、原生林・河川・環境全般を守ろうとする闘いの最前線に位置している。加えて、先住諸民族の文化・生活様式・言語は、ラテンアメリカにおける社会運動、環境保護運動、社会フォーラム、グローバル・ジャスティス・ネットワークの言説と文化を特徴付けてきた。最後に、先住民人口が大きな割合を占める国々の左派を自称する政権は、開発の「資源収奪主義」的モデルを実践し続けているにもかかわらず、ある程度までは、先住民のエコロジー的言説を受け入れてきた。

（原注一）Traben, B., *The White Rose* (Westport, CT: Lawrence Hill, 1979)

（原注二）この節の情報は、ペルーの先住民指導者でエコ社会主義者でもあるウーゴ・ブランコが編集する雑誌『*Lucha Indigena*』の二〇一一年度版から抜粋したものである。

（原注三）Archim Brunnengäber, 〝Crise de l'environment ou crise de société? De l'économique politique du changement climatique〟(Environmental Crisis or Social Crisis? The Political Economy of Climate Change), in *Globalisation et écologique. Une critique de l'économique politique par des écologistes allemands* (*Globalization and Ecological Crisis: A Clitique of Political Ecomomy by German Ecologists*), edited by Ulrich Brand and Michael Löwy (Paris: L'Harmattan, 2011), p.243-62

（原注四）Marthieu Le Quang, *Laissons le pétrole sous terre. L'initiative Yasumi ITT en Équateur* (Leave the Petroleum in the Ground: the Yasumi ITT Initiative in Ecuador) (Paris: Éditions Omniscience, 2012)

（原注五）World People、s Conference on Climate Change and the Rights of Mother Earth, 〝People、s Agreement of Cochabamba,〟adopted April 22, 2010, http://pwccc.wordpress.com/2010/04/24/peoples-agreement.

（原注六）Denis Chartier and Nathalie Blanc, 〝Les développements durables de l'Amazonie〟(Sustainable Development in Amazon), in *Grands barrages et habitants. Les risques sociaux du développement* (*Large Dams and Populations: The Social Risks of Development*), edited by N. Blanc and S. Bonin (Paris: Éditions QAUE, 2008), 169-89; A Hall and S. Brandford,

"Development, Dams and Dilma: The Saga of Belo Monte," *Critical Sociology* 38 (2012): 851-62

訳注

〈1〉先住民と白人との混血である人々。

〈2〉B・トレイヴン（一八九〇〜一九六九）。トレイヴンはペンネームで、本名、出生地について諸説があり、経歴などがほとんど判明していない謎の作家。ドイツでアナーキストの新聞を発行していたとされ、その後一九二〇年代にメキシコに渡った。メキシコ革命前後のメキシコ先住民を描いた小説群『ジャングル小説』で知られる。冒険小説の中でも資本主義への批判的姿勢を表現した。

〈3〉「伝統的人々」は、しばしば先住民と並列的に用いられるが、先住民をめぐる議論の中で新たに生まれてきた概念で、先住民ではないが、その地域に伝統的に暮らしてきた人々を指す。

〈4〉先住民の闘いとガルシア政権による弾圧については、ウーゴ・ブランコによる論評『ペルー・パグアの虐殺　政府は先住民への弾圧やめろ、南米雨林の破壊を中止せよ！』を参照のこと。
http://www.jrcl.net/frame090824g.html

〈5〉二〇一一年一一月のコンガ・プロジェクト反対の闘いについては、以下を参照のこと。
https://www.ide.go.jp/Japanese/IDEsquare/Eyes/2011/RCT201126_001.html　『ペルー情勢レ

ポート：「水か、金か」ウマラ政権にとって最初の試金石』清水達也、二〇一一年、ジェトロ・アジア経済研究所サイト

〈6〉コチャバンバ「水戦争」の経緯については、wikipediaの以下のサイトが詳しい。
https://ja.wikipedia.org/wiki/%E3%82%B3%E3%83%81%E3%83%A3%E3%83%90%E3%83%B3%E3%83%90%E6%B0%B4%E7%B4%9B%E4%BA%89

〈7〉コチャバンバ世界民衆会議とヤスニ・プロジェクトについては、以下を参照のこと。
http://www.jrcl.net/frame100517g.html 『四月コチャバンバ会議（ボリビア）の意義　気候変動抑止のための真の闘いが南米から始まった』小林秀史

〈8〉ベロ・モンテダムは、二〇一五年に水門を閉じて貯水を開始した。その一年後の現地の状況、先住民らの生活が破壊されている様子は、以下のレポートに詳しい。
http://sekaiheiwa.blog.jp/archives/11177423.html 『ベロモンテダム一年後の姿』グリーン経済研究所のブログ、二〇一六年

〈9〉ブラジル政府が開発を進めている超深海の海底油田は、二〇〇〇メートルもの厚さの岩塩層の下にあり、陸地に最も近い油田でもリオデジャネイロの海岸から南東に三〇〇キロも離れており、海の深さは一五〇〇メートルを超える。

〈10〉トゥパック・カタリ（一七五〇〜一七八一）は、スペイン植民地支配に反対して、ラパスを包囲した先住民蜂起（一七八一年）の指導者。裏切りにあって捕らえられ、四つ裂きの刑に処

せられたが、今日に至るまで先住民族の英雄として尊敬を集め、さまざまな施設や団体にその名前が刻まれている。ボリビアの先住民運動は、彼の名をとって、「カタリスタ運動」と呼ばれることもある。トゥパック・カタリ・ゲリラ軍（ＥＧＴＫ）は、一九七八年に先住民によって結成されたトゥパック・カタリ・インディオ運動（ＭＩＴＫＡ）が分裂したあと、一九九〇年ごろから活動をはじめ、ゲリラ活動を展開した。

資料

国際エコ社会主義者宣言
ベレン宣言
リマ・エコ社会主義宣言

資料1

国際エコ社会主義者宣言（二〇〇一年）

二一世紀は、かつてない規模の生態系破壊、恐怖に満ちた世界秩序の混沌、世界の広大な地域（中央アフリカ、中東、南アメリカ北西部）に壊疽（えそ）のように拡大し、その国々の隅々にまで広がっている多くの破壊的な低強度戦争といった破滅的な様相の中で、幕を開けた。私たちの見解では、生態系の危機と社会的崩壊の危機は、根本的には相互に関連しあっていて、同じ構造的な力が異なった形で現れていると考えるべきものである。

生態系の危機は、一般的には、生態系の不安定さを緩和・抑制する地球の能力を上回る猛烈な工業化に起因する。社会の崩壊の危機は、途上に立ちふさがっている社会に対して破壊的な影響を及ぼす、グローバリゼーションとして知られる帝国主義の形態に起因する。さらに、これらの根底にある力は、本質的には同じ駆動装置の異なる側面であり、その駆動装置とは全体を動かす中心的原動力である世界資本主義システムの拡大なのだということを認識しなければならない。

われわれはこの体制の残虐さを婉曲に表現したり、あるいはプロパガンダ的に柔らかく表現したりすることを拒否する。生態系の損失をうわべだけの環境保護で糊塗することや、民主主義と人権の名の下に人間の犠牲をごまかすこと、これらすべての婉曲的やり方を拒否するのである。

われわれはその代わりに、資本が実際に何をおこなってきたのかという観点から資本を見ていくべきだと主張する。

自然やその生態系の平衡に影響をあたえながら、収益性の絶え間ない拡大を必要とする資本主義体制は、エコシステムを破壊的な汚染物質にさらし、はかりしれないほど長い年月をかけて進化して有機体の繁栄を可能にした生息環境を分断し、資源を浪費し、そして自然の繊細な生命力を資本蓄積に必要な冷酷な交換可能性へと還元するのだ。

人間性という面から見ると、人間は自己決定やコミュニティ、そして意味ある存在であることを求めている。しかし、資本は大半の世界の人々を労働力の単なる産業予備軍へと還元し、余剰人員の多くを無用な厄介者として切り捨てるのである。

資本は、消費主義と脱政治化というグローバルな大衆文化を通じて、コミュニティーのまとまりを掘り崩してきた。

資本は、人類の歴史上かつてないほどのレベルにまで富と権力の格差を拡大してきた。

資本は、地域エリートが抑圧を遂行している、腐敗して資本の言いなりになる従属諸国のネットワークと結託しながらも、他方では自らが非難を浴びることを避けている。

そして、資本は、資本主義中心部への服従を強制するために、巨大な軍事装置を維持する一方で、西側大国や超大国アメリカ合衆国の全面的な管理のもとで、周辺部の自立性を掘り崩し、それを負債へと結びつけるために、超国家機関のネットワークを動かしてきた。

われわれは、現在の資本主義システムが自ら作り出してきた危機を制御することはできないし、ましてや克服することなどできないと信じている。資本主義システムは、生態系の危機を解決することはできない。なぜならば、そうするためには蓄積に制限を設けることが必要だからである。それは「成長か、それとも死か」というルールにもとづくシステムにとっては、受け入れることのできない選択肢である。

そして、資本主義システムは、テロやその他の形態による暴力的な反乱によってもたらされた危機を解決することはできない。なぜならば、危機を解決するということは、帝国の論理を放棄すること、つまり成長および帝国によって維持されている「生活様式」すべてに受け入れることのできない制限を設けることを意味するからである。資本主義システムに残された唯一の選択肢は、野蛮な力に頼ることであり、その結果として疎外を強め、さらなるテロ・・・そしてそれに対抗するよりいっそうのテロの種を植え付け、新たな悪質なファシズムの変種を発展させることだけである。

要するに、資本主義世界システムは歴史的に破産しているのである。それは事態に適応できない帝国になってしまった。まさにそれが巨大すぎることによって、中に含まれている弱さがあらわになっているのだ。エコロジー用語を用いるとすれば、資本主義システムは持続不可能なのである。もし資本主義に生きるにふさわしい未来があるとすれば、根本的に変革されなければならない、いやむしろ別のシステムによって取り替えられなければならないのである。

それゆえ、かつてローザ・ルクセンブルグが提起した鮮明な選択＝「社会主義か、それともバーバリズムか！」がよみがえるのである。この選択の中では、野蛮という方の側面はこの一世紀の間の痕跡を反映して、エコロジーの破局、テロ、カウンターテロ、それらのファシスト的堕落の様相を呈している。

しかし、なぜ社会主義なのか？　二〇世紀におけるその誤った解釈によって、歴史のゴミの山に葬り去られてしまったかのように思えるこのことばをなぜ復活させるのか？

その唯一の理由とは、たとえ打ちのめされ実現されなかったとはいえ、社会主義の理念はいぜんとして資本の廃絶という立場を代表しているという点にある。資本が克服されるべきものであるのなら、そしてそのことが文明それ自体の生き残りという緊急性を要する任務を提起しているのならば、その結論は必然的に「社会主義的」なものになるだろう。というのは、社会主義とはポスト資本主義社会への突破口を示すことばだからである。

われわれが、資本主義が根本的に持続可能ではなく、上述したように野蛮へと転落するというのなら、それは同時に、われわれは資本が作り出したさまざまな危機を克服することができる「社会主義」を建設する必要があるということにもなるのだ。そしてもし、社会主義が過去において危機の克服に失敗してきたとするならば、だからこそ社会主義が成功するために闘うことは、野蛮という結末を甘んじて受け入れるのに反対であるという選択をする限り、われわれの義務なのである。

そして、ローザ・ルクセンブルグが決定的な選択肢を宣言して以来、野蛮がその世紀を反映する形で変化してきたのとまったく同じように、社会主義という名称も、社会主義のリアリティーも、この時代に適応したものにならなければならない。

社会主義に対するわれわれの解釈をエコ社会主義と名付け、その実現に全力を挙げることを選ぶのは、こうした理由からである。

なぜエコ社会主義なのか？

われわれは、エコロジー危機という文脈では、エコ社会主義を二〇世紀の「最初の時代」におけるもろもろの社会主義の否定としてではなく、それらを実現するものとして考えている。それらの社会主義と同様に、エコ社会主義は、資本は過去の労働を体現化したものであるという理解の上に築かれ、すべての生産者の自由な発展、別の言い方をすれば生産者と生産手段との分離の廃棄にもとづいている。

われわれは、この目標が最初の時代の社会主義によっては達成することができなかったことを理解している。その理由は複雑すぎてここでとりあげることはできないが、一つだけ要約すれば、現存する資本主義列強による敵対的行動に包囲されていたという状況の中で、低開発によってもたらされたさまざまな影響によるものだったということである。この二つが組み合わさって、現存社会主義に多くの有害な影響を与えた。その主なものは、内部民主主義の否定であり、資本主義の生産力主義の模倣だった。そして最後には、これらの要因がこうした社会の崩壊と自然環境の破壊をもたらしたのである。

エコ社会主義は、最初の時代の社会主義がもっていた解放の目標を保持する。そして、社会民主主義の薄められた改良主義的目標、および社会主義の官僚主義的な変種が持っていた生産力主義的構造の両方を拒絶する。エコ社会主義は、むしろエコロジーの枠組みの中で、社会主義的生産の道筋と目標を再定義することを主張する。

エコ社会主義はそれらを再定義する際に、社会の持続可能性にとって必須である「成長の限界」を特に尊重する。しかし、「成長の限界」を受け入れるということは、欠乏、困窮、抑圧を負わせるという意味ではない。むしろ、その目標はニーズの転換であり、量的次元から離れて、質的次元へと向かう根本的な転換である。商品生産の観点から見ると、このことは、交換価値ではなくむしろ使用価値を評価すること——当面の経済活動よりも、より遠大な重要性をもつプロジェクトを重視するということ——へと転換するということである。

社会主義的な条件のもとでエコロジーの観点に立つ生産を広く普及させることにより、現在の危機を克服するための基礎を提供することができる。自由に協同する生産者の社会は、自らの民主化にとどまらない。むしろ、そうした社会の基盤や目標として、すべての人間を解放することを要求しなければならない。それゆえに、そうした社会は、主観的にも客観的にも、帝国主義的衝動を克服するのである。

そのような目標を実現する中で、それは、とりわけジェンダーや人種による支配を含むあらゆる形態の支配を克服するために闘う。そして、原理主義者による歪曲やテロリズムの誇示をもたらしている諸条件を克服する。要するに、世界中の社会は、現在の条件のもとでは考えられない程度まで、自然とエコロジー的に調和した中に置かれるようになる。

こうした方向をとる実践の結果は、たとえば産業資本主義に不可欠の化石燃料への依存を縮小させることとして表現されるだろう。そして、これによって今度は、石油帝国主義に服従させられている地域を解放するための物質的基盤を提供することができるし、その一方で、地球温暖化やその他のエコロジー危機の災厄を抑制することができるようになる。

これらの処方箋を読めば、われわれは、第一にどれだけ多くの理論的・実践的問題が提起されているのか、第二に（よりがっかりさせられることだが）いかにそれらが世界の現在の姿――これは諸制度の中にどっぷりとつかっているし、意識の中にも入り込んでいる――からかけ離れているのか、ということを必ず考えなければならなくなる。

われわれは、これらの論点を練り上げる必要はない。それらは誰にでもすぐに認識できるべきものである。しかし、われわれは、これらの論点が適切な展望の中で取り上げられるべきだと主張するだろう。

われわれのプロジェクトは、この道筋のひとつひとつのステップの内容を展開することでもなく、敵が圧倒的優位に立っているからといって敵の手に委ねることでもない。むしろ、それは現在の秩序を必要かつ十分に転換するための論理を発展させることであり、この目標に向かっての当面のステップの発展を開始することなのである。

われわれは、これらの可能性についてより深く考察するためにそうすると同時に、同様の考えを持つすべての人々と団結していく活動を開始する。もし、こうした議論に何らかの利益があるのなら、同じような考え方とこの考えを実現しようとする実践が、世界中の数えきれない場所で協調して芽生えていく状況となるに違いない。

エコ社会主義は、国際的かつ広く一般的なものになるだろう。さもなければ、それは無に帰すだろう。われわれの時代の危機を革命的な好機として理解することは可能だし、そのように理解しなければならない。そのことを主張し、現実のものとすることがわれわれの責務なのである。

資料2

ベレン宣言（二〇〇九年）

この宣言は、二〇〇七年のエコ社会主義者パリ会議において、この目的のために選出された委員会によって起草されたものである。その委員会は、イアン・アンガス、ジョエル・コヴェル、ミシェル・レヴィーによって構成され、ダニエル・フォラートの助言を受けた。宣言は、二〇〇九年一月にブラジルのベレンで開かれた世界社会フォーラムで配布された。

宣言は、三四カ国の四〇〇人以上の活動家によって支持された。その署名リストはこの資料の最後にある［本書では省略させていただいた］。

われわれは、宣言を支持する人々に対して、この宣言を広く配布すること、そしてみずからの言語に翻訳することをお願いする。現在のところ、宣言はインターネット上で、フランス語、ギリシャ語、イタリア語、ポルトガル語、ドイツ語で読むことができる。（http://ecosocialistnetwork.org/?page_id=10）

ベレン宣言

「世界は、気候変動のために、熱病にかかっている。その病気とは、資本主義発展モデル

である。」──エヴォ・モラレス、ボリビア大統領、二〇〇七年

人類による選択

人類はいま、一つの厳しい選択に直面している。つまり、エコ社会主義か、それともバーバリズムかという選択である。

われわれには、人類も自然も等しく搾取する寄生的システムである資本主義の残虐さを示す証拠はこれ以上必要ではない。資本主義の唯一の原動力は、利益が至上命令となっていることであり、途絶えることのない成長が必要なことである。資本主義は、限られた環境資源を浪費し、環境に毒物と汚染物だけを戻しながら、不要な生産物をむだに作り出している。資本主義のもとでは、成功するための唯一の手段は、毎日、毎週、毎年、どのようにしてもっと多くのものを売るかにある。そこには、膨大な量の、人間と自然の両方に直接に有害な生産物や病気を広げること抜きには生産できない商品を作ることが含まれる。そして、われわれが呼吸している酸素を産み出す森林を破壊し、エコシステムを破壊し、われわれの水・空気・土を、産業廃棄物処理のための下水道のように扱っている。

資本主義が求める成長の必要性は、個人企業からシステム全体までのあらゆるレベルに存在している。企業の飽くことない渇望は、自然資源、安価な労働力、新たな市場へのさらに

大きなアクセスを求める帝国主義的膨張によって促進されている。資本主義は常に環境に対して破壊的だった。しかし、われわれの時代において、地球に対するこうした攻撃は加速されてきた。量的変化は質的転換に取って代わられつつあり、世界を大きな転換点、大災害の危機へと導いている。ますます多くの科学的研究によって、少しの気温上昇でも回復不能で制御できない結果を引き起こしうる多くの道筋（たとえば、グリーンランドの氷冠の急激な溶解、永久凍土や海底に閉じ込められているメタンガスの放出）が明らかになった。それらは破局的な気候変動を避けられないものにするだろう。

このまま放置されるならば、地球温暖化は人間・動物・植物の生命に対して破壊的な影響をもたらすだろう。穀物収穫量は劇的に減少し、広範囲な地域で飢饉を招くだろう。何億人もの人々が、ある地域では干ばつによって、別の地域では海面上昇によって、故郷から追われるだろう。予想したこともない天候が当たり前になり、大混乱を招くだろう。空気・水・土は毒されるだろう。マラリアやコレラに加えて、もっと致死率の高い病気の大流行が、あらゆる社会におけるもっとも貧しく、もっとも弱い人々を直撃するだろう。

エコロジー危機の衝撃は、帝国主義に生活を破壊されてきたアジア・アフリカ・ラテンアメリカの民衆にとって、もっとも深刻に感じられるだろう、そして、先住民はどこでも、とりわけ弱い存在である。環境破壊と気候変動は、富める者による貧しい者への侵略行為に等しい。

環境破壊は利益を増大させようという飽くことのない欲求の結果であり、資本主義の偶然の特徴ではない。それは、システムの遺伝子に埋め込まれたものであり、改めることのできるものではない。利益至上主義的な生産は、投資決定に際して短期的視点だけを考え、環境の長期的保全や持続性を考慮に入れることができない。限りのない経済拡大は、有限で不安定なエコシステムとは両立しえない。しかし、資本主義経済システムは、成長の限界には我慢できないのである。その拡大への絶えざる欲求は、「持続可能な発展」という名のもとで課せられるいかなる制限をも打ち壊してしまうだろう。このようにして、本来的に不安定な資本主義システムは自らの行動に規制を加えることはできないし、いわんや混乱に満ちた寄生的な成長によって引き起こされた危機を克服することはできないのである。なぜならば、もうしそうすれば、蓄積を制限することが求められるからである。それは、「成長か、さもなければ死か」というルールにもとづいているシステムにとっては、受け入れがたい選択肢なのだ。

もし資本主義が支配的な社会秩序であり続けるなら、われわれが期待できるのはせいぜいのところ、耐えがたい気候条件、社会危機の激化、階級支配のもっとも野蛮な形態の拡大といったところであり、同時に、世界の減少する資源を引き続き支配しようとして、帝国主義列強はお互いに争ったり、グローバルサウスと闘ったりすることになる。

変化に向けた資本主義の戦略

生態系破壊にとりくむための戦略はたくさん提案されている。生態系破壊の中には、大気中の二酸化炭素が見境もなく増加した結果として、迫りくる地球温暖化危機も含まれている。こうした戦略の大多数には一つの共通した特徴がある。つまり、それらは支配的世界システムである資本主義によって、そして資本主義のために考え出されたという点である。

エコロジー危機に責任がある支配的世界システムが、この危機に関する討論の諸条件をも整えるのは驚くべきことではない。というのは、資本は大気中の二酸化炭素を生み出すのと同じくらい、知識を生み出す手段を支配しているからである。したがって、資本に忠実な政治家・官僚・エコノミスト・大学教授が、次から次へと際限なく、いろいろな提案をおこなっている。それらはすべて、世界経済を支配する市場メカニズムや蓄積システムを存続させたままでも、世界的なエコロジー的損傷は修復可能であるというテーマのバリエーションにすぎない。

しかし、人は二人の主人―無傷の状態の地球と資本主義の収益性―に仕えることはできない。一方は放棄されねばならない。そして、歴史上、政策決定者の圧倒的多数の忠誠心にはほとんど疑う余地がない。それゆえ、エコロジー的大災厄へとおちいることを、打ち立てられたこうした諸政策が阻止できるかどうかを根本的に疑うには十分な理由がある。

そして実際のところ、うわべの飾りを取り除くと、過去三五年以上にわたる改革はひどい失敗に終わったのである。もちろん例外的な改善はあったが、それらはシステムの情け容赦ない拡大とその生産の混乱した性格によって、不可避的に圧倒され、たちまち放棄されてしまった。

一つの例がその失敗を示している。二一世紀最初の四年間における世界の炭素排出量は、一九九七年の京都議定書の登場にもかかわらず、一九九〇年代の一〇年間における炭素排出量のほぼ三倍になった。

京都議定書では、二つの仕掛けが用いられている。一つは、確実に排出量削減を達成するために汚染排出権を取引する「キャップ・アンド・トレード」システムであり、もう一つは、高度工業化諸国における排出量を相殺する、グローバル・サウスにおけるプロジェクト、いわゆる「クリーン発展メカニズム」である。これらの道具立てはすべて市場メカニズムに依存しており、そのことは何よりも、地球温暖化を作り出したのと同じ利害を持つ関係者の支配下で、大気中の二酸化炭素が商品となることを意味している。汚染の張本人は、炭素排出量の削減を強制されないだけでなく、彼らの持つ金の力を使って、自分たちの目的のために炭素市場を支配することができるのである。その中には、環境を破壊するさらに多くの炭素系燃料の探査が含まれる。従順な政府が発行することのできる排出量クレジットの総量には制限がないのだ。

結果の検証と査定は不可能なので、京都議定書の枠組みは排出量をコントロールすることができないだけでなく、あらゆる種類の言い逃れと詐欺のための十分すぎるほどの機会を提供する。『ウォール・ストリート・ジャーナル』でさえ、二〇〇七年三月、排出量取引について取り上げたとき、それは「巨大企業のいくつかに金をもたらすだろうが、この見え透いたごまかしが地球温暖化について大きな働きをするとは到底信じられない」と書いたのだ。

二〇〇七年のバリ気候会議は、来たるべき時期におけるより大きな悪弊への道を開いた。バリ会議は、最良の気候科学によって提出された（二〇五〇年までに九〇％という）炭素排出量の大幅な削減に向けた目標について、まったく言及しなかった。つまり、バリ会議は、そのプロセスの管轄権を世界銀行に与えることによって、グローバル・サウスの民衆を資本の慈悲の手に委ねてしまったのである。そして、炭素排出の相殺をさらに容易にしたのだ。

わが人類の将来を主張し、それを持続させていくためには、革命的変革が必要である。その場合、個々の具体的なすべての闘争は、資本に反対するより大きな闘いの一環として展開される。この大闘争は、単なる否定的なもの、単なる反資本主義的なものにとどまることはできない。それは異なったタイプの社会を宣言し、建設しなければならない。そして、これがエコ社会主義なのだ。

エコ社会主義的オルタナティブ

エコ社会主義運動は、特に地球温暖化の破壊的なプロセスを停止させ、逆転させること、一般的には資本主義の環境破壊を停止させ、逆転させること、そして資本主義システムに対する根本的で実際的なオルタナティブを構築することを目標にする。エコ社会主義は、社会正義と生態均衡という非貨幣的な価値にもとづく転換型経済に基礎を置いている。エコ社会主義は、資本主義的「市場経済」と地球の均衡・限界を無視した生産力主義的社会主義の両方を批判する。エコ社会主義は、エコロジー的で民主主義的な枠組みの中で、社会主義に至る道筋と目標を再定義する。

エコ社会主義は、革命的な社会的転換をともなう。それは、量的な経済規範から質的な経済規範への全面的なシフトによって、成長の抑制とニーズの転換を意味する。あわせて、交換価値ではなく、使用価値を重視することも意味する。

これらの目標は、次の二つのことを要求する。つまり、社会が投資・生産の目標を協働して決定することを可能にする経済面での民主的意思決定および生産手段の共同化である。意思決定と生産手段の共同化だけが、われわれの社会・自然システムの均衡と持続性にとって必要な長期的視点を提供できる。

生産力主義を拒否し、量的な経済規範から質的な経済規範へと移行することは、自然と生産・経済行動の目標を全般的に再考することを含んでいる。家事、育児、介護、子どもと大人の教育、芸術など、根本的に生産的な人間活動、非生産的な人間活動、再生産のための人間活動がエコ社会主義経済における中心的価値になるだろう。

汚染されていない空気・水、肥沃な土壌、化学物質の含まれない食料、再生可能で汚染を生み出さないエネルギー源をすべての人々が享受できることは、エコ社会主義によって守られる人間と自然の基本的な権利である。「独裁的」にではなく、協働して地域・国内・国際レベルで政策を決めることは、共同体における自由と責任についての社会実験になる。この決定する自由は、成長至上主義的資本主義システムの疎外をもたらす経済「法則」からの解放である。

地球温暖化や人間と環境の存続を脅かしている他の危険を回避するために、一方において完全雇用を実現しながら、工業・農業セクター全体を抑制・縮小・再構築し、別のセクターを発展させなければならない。そのような根本的転換は、生産手段の共同管理と生産・交換の民主的計画作成なしには不可能である。社会と自然の公正という長期的展望を実現するために、投資と技術発展の民主的決定が、資本主義企業、投資家、銀行による支配に取って替わらなければならない。

人間社会の最も抑圧された部分である貧困層と先住民は、エコロジー的に持続可能である伝統的な様式に新しい活力を与え、資本主義システムが無視してきた人々に発言権を与えるために、エコ社会主義革命に全面的に参加するに違いない。一般的に言って、グローバルサウスの民衆や貧困層は資本主義による破壊の最初の犠牲者であるため、そうした人々の闘いと要求は、創られようとするエコロジー的・経済的に持続可能な社会の輪郭を定める手助けになるだろう。同様に、ジェンダーの平等は、エコ社会主義にとって不可欠である。そして、女性の運動は、資本主義の抑圧に対するもっとも行動的で声を上げる反対者の一つであり続けてきた。他にもエコ社会主義的な革命的変革の潜在的な担い手は、すべての社会に存在している。

そのようなプロセスは、人々の多数派によるエコ社会主義プログラムへの積極的な支持に基礎を置いて、社会・政治構造を革命的に転換することから始まる。社会正義を求める勤労者―労働者、農民、土地なき農民、失業者―の闘いは、クライメート・ジャスティス（気候正義）を求める闘いと切り離すことはできない。社会的な搾取をおこない、環境を汚染している資本主義は、自然と勤労者の両方にとっての敵である。

エコ社会主義は以下の諸点における根本的転換を提案する。

1. エネルギー・システム。コミュニティの管理下で、炭素系燃料やバイオ燃料をクリーンな動力源である風力・地熱・波、何よりも太陽光エネルギーに置き換える。
2. 交通システム。自家用トラック・自家用車の使用を抜本的に減少させ、無料の効率的な公共交通機関に置き換える。
3. 浪費・その本質的な陳腐化・競争・汚染に基礎を置く現在の生産・消費・建設パター

ン。持続可能で再生可能な品物だけを生産し、グリーンな建築を発展させる。

4．食糧生産と分配。地域の食料主権を可能な限り防衛し、汚染を出す工業的農業をなくし、持続可能な農業エコシステムを創り出し、土壌の肥沃さを更新する。

グリーン社会主義という目標を理論化し、その実現に向けて闘うことは、いま具体的で緊急の改革のために闘うべきでないことを意味しない。「クリーンな資本主義」に対してはいかなる幻想も抱くことなく、現にいる権力者たち―政府・企業・国際機関―に対して、基礎的ではあるが本質的な転換をただちにおこなわせるために闘わなければならない。

・温室効果ガス排出の抜本的かつ実施可能な削減
・クリーンなエネルギー資源の開発
・広範囲をカバーする無料の公共交通システムの整備
・トラックを列車に徐々に置き換えること
・汚染除去プログラムの創出
・原子力エネルギーと戦費をなくすこと

これらの要求や同様の要求は、グローバル・ジャスティス運動と世界社会フォーラムの核心的課題である。そして、一九九九年のシアトルでの闘い以降、資本主義システムに対する共通の闘いの中で、社会運動と環境保護運動との接近が促進されてきた。

環境破壊は会議室や条約交渉の中では止められない。大衆行動だけが影響を与えることができる。都市・農村の労働者、グローバルサウスの民衆、先住諸民族はいたるところで、環境的・社会的不正義に対する闘いの最前線に立って、搾取し、汚染をまき散らす多国籍企業、有毒な食品を産み出し、権利を奪うアグリビジネス、遺伝子組替えではない植物へ汚染を広げる遺伝子組換え種子、今日の食糧危機を悪化させるだけのバイオ燃料と闘っている。われわれは、これらの社会的環境保護運動を助け、北と南の反資本主義的エコロジー運動の間の連帯を作らなければならない。

エコ社会主義宣言は行動の呼びかけである。頑迷な支配階級は強力である。しかし、資本主義システムは日々、財政的・イデオロギー的破綻を自己暴露し、資本主義が引き起こした経済・エコロジー・社会・食料危機やその他の危機を克服することができていない。そして、急進的な反対勢力は、生き生きとして活気にあふれている。地域・国内・国際的レベルなどあらゆるレベルにおいて、われわれは、社会正義・環境正義に基礎を置くオルタナティブなシステムを創り出すために闘っている。

われわれ署名者は、ベレン宣言にまとめられている分析と政治的展望を承認し、エコ社会主義者国際ネットワークの創立と建設を支持する。

COP23 開催中におこなわれた「自然の権利国際法廷」
（2017 年 12 月ドイツ、ボン）
© teramoto

資料３
リマ・エコ社会主義者宣言（二〇一四年）

ＣＯＰ20を前にしたエコ社会主義者国際ネットワークの宣言（二〇一四年一二月、ペルー・リマ）

われわれの生命はやつらの利潤よりも価値がある！

われわれが今日直面している差し迫った気候危機は、地球上の生命存続への深刻な脅威である。多くの学問的・政治的な活動によって、気温変動に対して地球上の生命は脆弱であることが立証されてきた。わずか数十年間のうちに、計り知れないほどの結果をもたらすエコロジー的破局が引き起こされるだろうし、現に引き起こされつつある。いまやわれわれはこの状況の致命的影響を経験しつつあるのだ。溶解しつつある氷、大気汚染、海面上昇、砂漠化、激化する異常気象などがその証拠である。

誰が、そして何が、このような気候変動を引き起こしているのかを自分自身に問いかけることはきわめて重要である。われわれは今すぐにでも、人類全体に責任を負わせようとするすべての観念的解答の化けの皮を剥がす必要がある。これらの観念的な解答は、現在の状況を化石燃料（石炭・石油・天然ガス）によって生じた―地球温暖化をもたらした工業化および富の私的専有と利潤の独占によって維持されている資本主義的論理にもとづいた―歴史の力学から切り離してしまう。利潤は社会的搾取と環境破壊という犠牲をともなっている。社会的搾取と環境破壊は同じシステムの二つの側面であり、システムこそが気候破局の元凶なのである。

こうした全体像の中で、諸国政府によって組織され、大企業による財政支援を受けている締約国会議（COP）は、問題を解決することのできる有効な解決策を何ら示せないまま、空虚なイベントを開催している。そして、そのことによって、気候危機の責任が資本主義にあることを立証するものとなっている。実際には、われわれは後退している。汚染から公然と利潤を上げようとする滑稽きわまりない「グリーン・ファンド」の中に表現されている後退である。悲しむべきことに、この力学は、多くの政府によって維持されている姿勢、つまり汚染を助長し、人々の幸福よりも企業の利潤を重視する姿勢を通じて深化している。このことは南の諸国においてきわめて顕著に見られる。それゆえに、このシステムの力学が、世界中の抑圧・搾取されている人々の肩の上に、グローバルな環境危機を押し付けているということを理解するのは重要なことだ。

全世界における多様な社会的・エコロジー的闘争の重要性を強調することはきわめて重要である。そのような闘争は、連帯の論理を通じて気候変動や環境危機を止めることを提起しているからである。重要なことは、こうしたプロセスの多くが女性によって担われ、主導されていることに留意することである。疑いもなく、ラテン・アメリカの状況は、新たな提案と先祖伝来の世界観を統合することのできるプロジェクトにもとづいて、抵抗・自主管理・転換プロセスが入り混じっていることのよい例である。ペルーにおける先住諸民族とカンペシノ（農民）の勇敢な闘い、とりわけコンガ大規模鉱山開発に対する抵抗闘争の中に、一つの例が見出される。ヤスニ公園の経験に焦点を当てることもまた有益である。先住民運動と環境保護運動のイニシアチブによって、富裕国からエクアドル人民への補助金の提供と引き換えにアマゾン熱帯雨林の広大な地域を石油採掘から守ろうとしたのだ。ラファエル・コレア政府は数年間にわたって、運動の側からのこの提案を受け入れていた。しかし最近になって、多国籍企業に公園を開放することを決め、その結果、重要な抵抗を引き起こした。もう一つの例は、ブラジル政府が実行しようとしている開発プロジェクトでも見られる。それはアマゾンの広い地域を破壊の脅威にさらすものである。

このことを考えると、ペルーのリマで一二月に開催されるＣＯＰ20にはほとんど希望が持てない。もし気候変動とグローバルな環境危機を回避する手段があるとすれば、それは、環境破壊のない世界をめざす闘いが、抑圧・搾取のない社会を求める闘いと結合しなければならないことを理解した、世界中の抑圧・搾取される人々の闘争力と組織から生まれるだろう。この変化はいまこそ始まらなければならない。固有の闘争、日々の努力、自主管理プロセス、危機を遅らせるための改革と文明の変化、つまり自然と調和した新たな社会を中心に据えたビジョンとを結びつけなければならない。これはエコ社会主義の中心的な提案であり、現在の環境破局に対するオルタナティブである。

気候を変えるのではなく、システムを変えよう！

署名者略

COP23のカウンターフォーラムである「民衆気候サミット」のワークショップ「南の声」（2017年12月ドイツ、ボン）
ⓒ teramoto

訳者あとがき

寺本　勉

本書は、ミシェル・レヴィーによる以下の著作の日本語訳である。

Michael Löwy *Ecosocialism*, Haymarket Books, Chicago, 2015

ただし、序章については、著者がフランス語改訂版のために書き下ろしたものに入れ替えた。日本語版出版にあたっては、著者から提供された原著（英語版）には収録されていない以下の論文を訳出し、本書に加えた。

Marx, Engels, and Ecology

For an Ecosocialist Ethics

The Revolution is the Emergency Brake, Walter Benjamin、s political-ecological currency

また、原著（英語版）に資料として収録されていたCopenhagen 2049は割愛した。

著者のミシェル・レヴィーは、一九三八年にブラジルで生まれ、一九六九年からパリに居住している政治哲学者で、パリ国立科学研究所の社会学研究所長などを務めた。彼が研究の対象とした分野は極めて広範囲にわたっていて、マルクスの思想に関する多くの著作があるほか、中欧におけるユダヤ人文化、ラテンアメリカにおける政治と宗教、シュールレアリズム、ヴァルター・ベンヤミンの思想などについても、著作を著している。さらに、ＡＴＴＡＣや世界社会フォーラムに参加するなど社会運動に積極的にかかわるとともに、気候変動・地球温暖化を生み出す資本主義システムに対するオルタナティブとしてのエコ社会主義について積極的な発信を続けている。

日本語訳されている彼の著作には、以下のものがある。

『若きマルクスの革命理論』（福村出版、一九七四年）

『世界変革の政治哲学　カール・マルクス……ヴァルター・ベンヤミン……』（柘植書房新社、一九九八年）

『100語でわかるマルクス主義』（共著）（白水社・クセジュ文庫、二〇一五年）

本書は、「序章　二一世紀の大洪水」で彼自身が述べているように、「いくつかの論文を集めたものであり、エコ社会主義という考えや実践についての体系的な解説というよりは、いくつかの具体的な闘争経験およびエコ社会主義の理論的視点と提案について検討するためのより控えめな試みである」ため、いくつかの論点が重複して述べられている箇所があることは事実である。にもかかわらず、温室効果ガス排出による地球温暖化、その結果として起きている気候変動(いまや気候危機の段階に入っている)が、現にある資本主義生産システムそれ自身に起因しており、そのシステムを変えることなしには解決できないという立場から、資本主義生産システムに代わるオルタナティブとしてはエコ社会主義以外には考えられないことを提起するレヴィーの分析は明快である。しかも、本書からは、社会危機と気候危機を同時に進行させている資本主義のシステムそれ自身の破産の度合いは深刻であり、オルタナティブとしてのエコ社会主義実現のために残された時間はそれほど長くはないというレヴィーの危機感がひしひしと伝わってくる。

実際に、温室効果ガス排出による地球システムの危機は、いまや人間文明の存続にかかわる問題をはらみながら、世界中で「異常気象の日常化」ともいうべき現象を激発させている。日本では、二〇一八年には冬の厳しい寒波に始まり、夏には記録的な猛暑・豪雨、そして巨大台風二一号の上陸と立て続けに異常気象に見舞われた。続く二〇一九年にも、上陸した台風一五号、一九号が関東から東日本、北海道にかけて、暴風や豪雨による河川の氾濫、堤防決壊、土砂崩れなど甚大な被害をもたらした。この背景には、地球温暖化にともなう気温の上昇、日本周辺での海水温上昇による水蒸気量の増加があることは明らかだ。また、世界的に見ても、二〇一九年夏には北半球が記録的な高温となり、北極圏でも三〇℃を超えるかつてない高温を記録した。そして、各国で高温・乾燥による山火事が多発している。こうした「異常気象の日常化」は、地球温暖化による気候変動の一部であり、まさに地球のエコシステム（生態系）自体に亀裂が生じている結果と言わなければならない。

二〇一四年に発表されたＩＰＣＣ（国連の気候変動に関する政府間パネル）第五次評価報告書は、「気候変動を放置すれば、人間と生態系に対する深刻で広範かつ取り返しのつかない影響が及ぶ可能性が高まる」と指摘していた。ＣＯＰ21におけるパリ協定の合意（二〇一五年）は、その危惧に対する一つの回答ではあったが、決定的に不十分なものであった。合意の際に提出された各国の二酸化炭素（ＣＯ２）排出量削減目標は、それが完全に守られたとしても、二・七℃〜三・七℃の気温上昇をもたらすと予測されるからである。

ＣＯＰ24を前に公表されたＩＰＣＣの特別報告書は、すでに世界の気温は産業革命前に比べて約一℃上昇しており、現状の排出ペースが続けば、早ければ二〇三〇年にも一・五℃上昇すると警告し、それによって豪雨や洪水、干ばつなどの異常気象のリスクが高まると警告している。さらに、気温が二℃上昇した場合に比べ、一・五℃程度に上昇を抑えることができた場合は、極度の干ばつや森林火災などを含めた異常気象や食糧不足、熱波に起因する病気や死亡リスク、生物多様性や生態系の喪失といったリスクをある程度抑制することができることを示した。そして、パリ協定で目標とされた一・五℃の気温上昇にとどめるには、世界のＣＯ２排出量を二〇三〇年までに四五％削減（二〇一〇年比）し、二〇五〇年ごろまでに実質ゼロにする必要があると強調した。そのことを実現するためには、ほとんどすべての化石燃料を地中に留めておかなければならない。

しかし、資本主義生産システムと資本家政府のもとでこのことは可能なのだろうか？　レヴィーの答えは、明確にノーである。まさにここにこそ、資本主義に代わるオルタナティブとしてのエコ社会主義の意味が存在していると言える。同時に、レヴィーは、エコ社会主義のヴィジョンがユートピア的な未来（それも今後数十年で実現されるべきユートピア）に属するだけでなく、いまこの場ですぐさま闘いとるべき改革にむけた実践のヴィジョンでもあるととらえている。この点が彼のエコ社会主義についての考え方の大きな特徴である。

レヴィーも指摘しているように「二一世紀のエコ社会主義者は、一九世紀のマルクスのエコロジー的遺産で満足することはできない」のであり、私たち自らが、新たな課題を明確にして、エコ社会主義を理論的・実践的に豊富化していく作業が求められている。たとえば、本書でも紹介されているダニエル・タヌーロは、エコ社会主義者の課題として「自然の搾取、労働の搾取と家父長制社会による女性の抑圧との間にある深いつながり」「科学万能主義との不可欠な決別」「現代資本主義における農民の位置と役割」の分析をあげている。

現在進行中の新型コロナウイルスのパンデミックは、資本主義システムによる自然破壊、環境破壊、生物多様性の破壊が、動物起源のウイルスに種の境界を跳び越えさせ、人間へと伝播させたという意味で、気候危機と同じ根を持つものである。この側面からも、エコ社会主義のもつ資本主義システムに対するオルタナティブとしての重要性、緊急性が明らかになっているということができよう。

ヨーロッパなどでは、高校生らを中心にした「未来のための金曜日」運動が展開され、二〇一九年三月と五月におこなわれた学校ストライキと街頭行動には世界中で一〇〇万人以上が参加した。さらに、九月の気候ストライキには四〇〇万人以上が参加したと言われる。この運動は、ヨーロッパ議会選挙での緑の党の躍進をもたらした大きな要因として分析されているほどの影響力を持ち始めている。日本でも、九月二〇日の気候マーチには全国で五千人を超える参加者があった。

運動を始めたスウェーデンのグレタ・トゥーンベリさんは、「気候危機は危機として扱わなければならない！気候問題は選挙の最大の争点である！」と主張して、毎週金曜日に学校を休み、スウェーデン国会前で、政治家がもっと気候変動を食い止める政策を実行するように求めた。運動に参加している高校生ら若い世代の思いは、「大人たちは『未来のために勉強しなさい』と言う。でも、今のまま気候変動が進めば、まともな未来なんてないかもしれない。たくさん勉強して気候変動の危機を訴えても、政府はまったく声に耳を貸さないのなら、どうして一生懸命勉強していられるのか？」というものだ。この危機感は、世代を問わず共有されなければならないだろう。気候危機をめぐる時間との競争においては、地球温暖化を遅らせ、気候変動を少しでも食い止めるための下からの動員が絶対条件となっているからである。

本書に収録されているベレン宣言（資料2）は次のように訴えている。

このまま放置されるならば、地球温暖化は人間・動物・植物の生命に対して破壊的な影響をもたらすだろう。穀物収穫量は劇的に減少し、広範囲な地域で飢饉を招くだろう。何億人もの人々が、ある地域では干ばつによって、別の地域では海面上昇によって、故郷から追われるだろう。予想したこともない天候が当たり前になり、大混乱を招くだろう。空気・水・土は毒されるだろう。マラリアやコレラに加えて、もっと致死率の高い病気の大流行が、あらゆる社会におけるもっとも貧しく、もっとも弱い人々を直撃するだろう。

新型コロナウイルス危機が全世界に拡大し、まさに「もっとも貧しく、もっとも弱い人々を直撃」している今こそ、多くの人々に本書を読んでいただきたい。

著者のレヴィーは、最近のインタビューの中で、ベルトルト・ブレヒトのことばを引用して「闘う者は負けるかもしれないが、闘わぬ者はすでに負けている」と述べている。本書は、気候危機、社会危機と闘うすべての人々へのレヴィーの熱いメッセージでもあるのだ。

本書には、多くの人名が登場する。その人名については、すべてではないが、できるだけ訳注をつけ、著作の日本語訳を紹介した。読者が本書に引き続いて、さらにエコ社会主義をめぐるさまざまな問題について学びたいと思われた際のガイドになればいいとの思いからである。

本書を日本語訳するにあたって、湯川順夫さんに絶大な協力をいただいた。湯川さんとは、『アラブ革命の展望を考える 「アラブの春」の後の中東はどこへ?』出版の際にも一緒に翻訳にあたる機会があり、多くのご教示をいただいたが、今回は、貴重な助言とともに、日本語訳のチェックを引き受けていただいた。とりわけ序章をフランス語から訳出するにあたっては、湯川さんの協力抜きでは訳文を完成させることはできなかった。ここに謝意を記しておきたい。

訳者紹介

寺本　勉（てらもと　つとむ）

1950年生まれ。元高校教員。ATTAC Japan会員、ATTAC関西グループ事務局員。

翻訳書

「市民蜂起　ウォール街占拠前夜のウィスコンシン2011」ジョン・ニコルス著（かもがわ出版）2012年（共訳）

「台頭する中国　その強靭性と脆弱性」區龍宇など著（柘植書房新社）2014年（共訳）

「アラブ革命の展望を考える　「アラブの春」の後の中東はどこへ?」ジルベール・アシュカル著（柘植書房新社）2018年（共訳）

『エコロジー社会主義　気候破局へのラディカルな挑戦』

2020年8月10日　第1刷　定価2,800円+税

著　者　ミシェル・レヴィー

訳　者　寺本勉

装　丁　株式会社オセロ

制　作　有限会社越境社

印　刷　（株）スバルグラフィック

発　行　柘植《つげ》書房新社

113-0001　東京都文京区白山1-2-10　秋田ハウス102号

TEL.03(3818)9270　FAX.03(3818)9274

http:/www.tsugeshobo.com　郵便振替　00160-4-113372

乱丁・落丁はお取り替えいたします　ISBN978-4-8068-0741-4

アラブ革命の展望を考える
「アラブの春」の後の中東はどこへ?
ジルベール・アシュカル著/寺本・湯川順夫訳
ISBN978-4-8068-0706-3　¥3200E

台頭する中国
その強靱性と脆弱性
區龍宇著/寺本勉・喜多幡佳秀・湯川順夫・早野一　訳

ISBN978-4-8068-0664-6　¥4600E

香港雨傘運動
プロレタリア民主派の政治論評集
區 龍宇 著/早野 一 訳
ISBN978-4-8068-0678-3　¥3700E

中東の永続的動乱
イスラム原理主義・パレスチナ
民族自決・湾岸・イラク戦争
ジルベール・アシュカル著/岩田敏行編
ISBN978-4-8068-0584-7　¥3500E